人氣甜點工作室

Her × Her 的

美味食譜

Vanessa Liu 著

餅乾、常溫蛋糕和鮮奶油蛋糕，
經典食譜分享不藏私，
做出每天都想吃的好味道

作者序

踏入甜點的領域其實是發生在大學時期的意外，因爲喜歡閱讀唸了英文系，卻在深夜讀書時不小心點開了一個做蛋糕的影片，從此，不知不覺中書架上除了小說也多了許多食譜，上課以外的時間，時常一個人在廚房打蛋、擀麵糰、緊盯著烤箱等待成品出爐，於是，在廚房的每一秒成爲了我的閱讀：從觀察蛋、麵粉、糖等食材相互融合的變化，到製作出兼具美觀與味道的甜點，就像一場探險，一個前所未知的世界逐漸向我打開。

大學畢業幾年後我和妹妹 Sarah 成立 Her x Her Studio，這幾年來我們遇到了許多美好的人和故事，原本只喜歡躲在廚房的我發現擁抱這個世界沒有想像中的困難，持續做著喜歡的事情，終究能找到願意欣賞的人，這些人可能是來上很多堂課的學生或老師、可能是每年都來幫自己和家人買生日蛋糕的客人，又或是一起奮鬥的同業，甜點成爲了我們之間的連結，我總能在他們身上看到自己，因爲有同樣的熱愛與執著，那之於我是十分珍貴的。

Her x Her 的名字取自「好好」的台語諧音，希望大家吃了甜點後都能好好的、得到慰藉和滿足，好字拆開也是「女子」，這幾年不論是甜點課程還是販售，我們堅持用自己的方式做出喜歡的味道、傳遞屬於我們的溫度，每個用雙手做出來的甜點，都蘊含著對相遇在 Her x Her 的每個人最誠摯的祝福和感謝。也相信溫柔的力量所種下的種子，有天會茁壯、積累成果實，變成我們心中期盼的模樣。

　　一次美好的意外延續到了十年後的今日，這本書或許也是吧！但人生就是無數個意外拼湊而來的旅程，就像書中許多甜點的創作靈感，有些來自廚房裡偶然的嘗試或發現，有的則是生活中突然的啟發和領悟。藉由這本書，想和大家分享這些年，我們每日在廚房裡製作出的味道，以及那些感動我們的、難以忘懷的瞬間。也希望這些食譜能爲你創造許多值得紀念的回憶，或是一些美好意外的發生。

　　特別感謝 S、K 和帶我進入甜點世界的蔡老師，妳們是我的榜樣，永遠感謝和你們的相遇。

Vanessa Liu

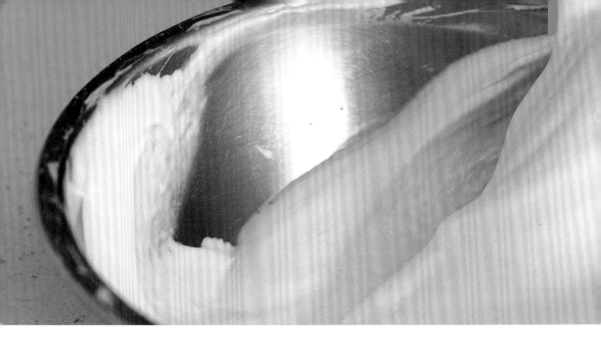

CHAPTER

1

烘焙基礎

BASIC

做烘焙時每種器具都有各自的用途，使用合適的器材和耐用的模具，
也會讓製作過程更順利，如果有好好保存，其實都能使用很長一段時
間，對這些器具越了解，也會在不知不覺間發覺自己的烘焙技術有很
大的進步喔。

── 器具 ──
TOOLS

· **打蛋器**：將食材混合均勻時不可或缺的工具，可根據食材的多寡選擇不同尺寸使用，線圈越密、越堅固越好。

· **刮刀**：不管是攪拌、整理麵糊、麵團或加熱食材，有把好用的刮刀會事半功倍，建議挑選耐熱且軟硬度適中的刮刀，也可根據食材多寡挑選不同尺寸來使用。

· **抹刀**：八寸抹刀是我們最常用來抹蛋糕的尺寸，另外也有 L 型抹刀，大的抹刀因爲角度彎曲適合抹平面的蛋糕捲，小抹刀則適合處理各種細節。

· **擀麵棍**：要將麵團擀開，一定會需要擀麵棍，建議使用至少 30cm 的擀麵棍，木頭材質較輕好操作，塑膠材質好清洗不沾黏麵團，可依喜好做選擇。

· **毛刷**：不同材質的毛刷有不同用途，羊毛毛刷可用來將蛋液刷在麵團上，鬃毛刷可刷粉類或刷模具上的奶油，矽膠刷可沾取糖漿刷到蛋糕體上。

· **手持電動攪拌機**：製作份量較少時非常實用的機器，適合在家做烘焙的人使用，不管是攪拌麵團，還是打發蛋和鮮奶油等等，皆可調節速度、縮短製作時間，並有穩定的效果。

· **電子秤**：烘焙秤重時越精確越能保證穩定的成品，因此一個精準的電子秤很重要，推薦使用最小 0.1 克最大 3 公斤的秤，沒有使用時，不要在秤上放置物品，以維持秤的靈敏，並延長使用壽命。

· **均質機**：均質機高速運轉下，材料會被吸入刀片內部，經過剪切、破碎、混合，充分乳化後形成細膩質地，是製作甜點幾乎每天都會用到的機器。

· **研磨機**：用來打碎茶葉、咖啡豆等少量硬質食材，經過研磨變細的食材，可直接加入麵糊或麵團中。

· **食物處理機**：可打麵團、麵糊，也可將食材打碎成泥或醬，讓複雜、耗時的步驟變得簡單又快速。

· **桌上型攪拌機**：用來攪打麵團、麵糊，也可打發蛋、奶油和鮮奶油等食材，尤其製作較大的份量時，是讓人更輕鬆、省力的機器。

· **烤箱**：商用烤箱主要分為旋風爐和層爐，兩者加熱方式不同，層爐是透過頂部和底部以熱輻射的方式加熱食材，一次只能烤一層，需要較長的預熱時間，優點是能藉由上下火控制受熱與烤色，烤出保濕的口感，很適合用來烤麵包和蛋糕。

風爐是透過熱風循環加熱食材，一次能多層烘烤，若追求快速預熱升溫、有效率的多盤烘烤和均勻的烤色，風爐是廚房必備設備之一。

家用烤箱體積小，適合一般家庭使用，但沒有商用烤箱火力強、密封性佳、保溫效果好的特性，因此設定溫度時要增加 10 ～ 20 度，烘烤時間可能要視情況增加。

本書多使用商用烤箱烘烤，請依情況調整溫度和時間。

·**刮板**：用來分割及刮平，圓弧面可代替刮刀快速整理鋼盆內的食材。

·**測溫槍、電子溫度計**：製作甜點時需了解各個階段的溫度以達到最好的狀態，測溫槍雖不如探針式溫度計標準，但可快速測出接近的溫度，電子溫度計則能精準測量溫度。

·**篩網**：粉類常有結塊情形，需用篩網將粉粒篩開，幫助麵粉和後續材料順利混合。

·**刨刀**：用來刨檸檬、香橙等柑橘類水果的皮，也可刨起司、巧克力或其他食材。

·**刀具**：切蛋糕時多使用鋸齒刀或蛋糕刀，分切磅蛋糕、塔派等較大的甜點時可用牛刀，小刀多用來切水果、處理細節。

·**壓模**：用來切割麵團，切割端較薄，能有效切開麵團，也有其他不同形狀的壓模，可製作各式各樣的餅乾。

·**花嘴**：使用不同花嘴可擠出不同造型，適用在餅乾的麵團、鮮奶油、奶油霜等等。

·**單手鍋**：需要加熱或煮製食材時最常使用的鍋子，建議選擇厚底的鍋子，讓食材更均勻加熱，達到最佳效果，不同鍋子大小可煮製不同份量的食材以達最佳效果。

· **攪拌盆**：依製作時的食材選擇攪拌盆尺寸和材質，打發或混合少量食材時，可選擇直徑小一點的攪拌盆幫助快速混合。

· **網架**：成品出爐後需放在網架上冷卻，距離桌面有一點距離以正確降溫、不積水氣。

· **派重石**：塔皮烘烤時使用派重石，可防止塔皮膨脹和回縮，保持好看的形狀。

· **備料平盤**：把煮過的食材鋪平在平盤上可迅速降溫、不易生菌，平盤同時也可當備料盤使用，將切好的水果或其他食材擺放待用。

· **矽膠網墊**：網狀矽膠墊的透氣性，可讓麵團烤得更均勻且快速，不僅能烤餅乾，也能烤泡芙和塔派。

· **烘焙紙**：因不沾黏特性，可用來整形麵團，也可進烤箱烘烤。

· **慕斯圈**：除了可製作慕斯蛋糕外，也可製作蛋糕中間的慕斯、果凍夾層等等。

· **長形磅蛋糕模**：細長型的磅蛋糕模外型秀氣，切片後的大小也適合當點心食用或送禮，為了更容易清潔，可在填入麵糊前放置烘焙紙製作的紙模，蛋糕烤好後直接拿出放涼即可。

· **金屬常溫蛋糕烤模**：金屬烤模可以烤出漂亮的烤色，使用前須刷上奶油再填入麵糊烘烤，烘烤完以紙巾擦拭即可，避免刷洗模具使塗層受損，縮短模具壽命。

· **塔模**：有各種大小和深淺類型，可根據烘烤的塔派口味和類型選擇，使用分離式塔模較方便、容易脫模成功。

· **蛋糕模**：分成活動模和固定模，烤戚風時使用活動模，好脫模也能保持形狀，烤海綿蛋糕時需搭配圍邊和底紙，兩種模具都適用。

· **不沾長方型烤盤、日式蛋糕捲烤盤**：可烤蛋糕捲和平盤蛋糕，也可當一般烤盤使用。

— 食材 —

INGREDIENTS

麵粉

麵粉主要分爲低筋、中筋、高筋，差別在於蛋白質含量。雖然可大致區分不同產品使用哪種麵粉，但麵粉的使用沒有絕對，有時會同時使用不同種麵粉來達到想呈現的口感。

· **低筋麵粉**：蛋白質含量爲 6.5% ～ 9.5%，筋度小、黏性小、吸水性差，適合製成鬆軟沒有韌性的蛋糕、餅乾。

· **中筋麵粉**：蛋白質含量爲 9.5% ～ 11.5%，筋度介於低筋和高筋中間，常用來製作中式麵點和較柔軟的麵包。

· **高筋麵粉**：蛋白質含量 11.5% 以上，筋度強、黏性大，適合用來製作具口感的各式麵包。

蛋

盡量使用新鮮雞蛋，味道表現最好。製作過程要注意使用時的狀態和溫度，例如：分蛋要分乾淨，勿讓蛋黃混進蛋白，製作常溫蛋糕和餅乾時，使用常溫蛋液，需不需要均質等細節。

糖

・**細砂糖**：顆粒小易溶解，屬精煉糖，只有單純甜味，不會影響食材風味，烘焙時最常使用。不建議輕易減糖，因為過度減糖可能影響最後成品的濕潤度、上色度、保質期長度和整體的穩定性、成功率等。

・**糖粉**：顆粒較細砂糖細，更容易與其他食材融合，做出糕點的細緻口感。

・**蜂蜜**：本書使用的蜂蜜多為龍眼蜜，也可用其他味道合適的蜂蜜，增添風味外也可增加濕潤度。

・**葡萄糖漿**：甜度較一般蔗糖低，可取代部分砂糖降低甜度，同時增加濕潤度。

・**轉化糖漿**：因保水性強，能製作出更濕潤的糕點，同時幫助上色。

・**海藻糖**：海藻糖甜度是蔗糖的 0.4 倍，加入糕點能降低甜度，也有延長保鮮度和耐凍功能，因無法進行梅納反應，通常只能替代配方中 20 ～ 30% 的砂糖量。

・**虎尾糖**：台灣的三溫糖，由虎尾糖廠使用 100% 台灣甘蔗製成，保留豐富的甘蔗糖香，甜度比日本三溫糖低，顆粒也非常細緻。

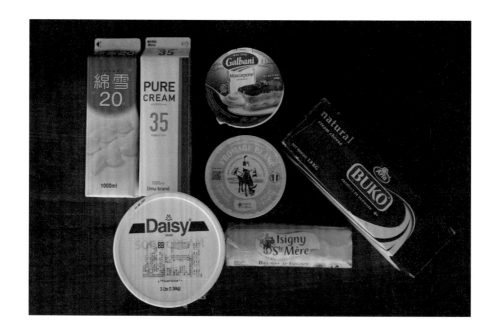

奶製品

· **奶油**：烘焙用奶油主要為無鹽奶油，本書多使用法國發酵無鹽奶油，發酵奶油製作過程中加入乳酸菌，聞起來微酸，味道也較一般無鹽奶油豐富，但仍建議多嘗試不同奶油，以因應不同風味需求。

· **牛奶**：使用天然、全脂鮮奶，味道最香醇自然。

· **鮮奶油、日本奶霜**：鮮奶油多指 35% 以上的動物性鮮奶油，可打發成穩定的香緹，也可運用在其他用途。日本奶霜則是調和性鮮奶油，含動物性鮮奶油和植物油脂，具有清爽奶香和容易操作的特性，本書中的鮮奶油皆可以奶霜替代，但標示奶霜的部分則必須使用奶霜以確保成品的穩定。

· **純生鮮奶油**：純生鮮奶油因為沒有添加物，保留最原始的乳香、新鮮風味以及極佳的化口性，本書使用的是 35% 純生鮮奶油。

· **奶油乳酪**：奶油乳酪是由殺菌過的鮮奶油混合牛奶，經發酵製成的軟質起司，口感滑順綿密，帶有乳香及酸度、鹹度。

· **馬斯卡彭乳酪**：義式傳統軟質新鮮乳酪，脂肪比例高且質地柔軟、奶香濃郁。

· **白乳酪**：有著清爽奶香與發酵酸香，以牛奶製作因此熱量較低，軟滑且固態的質地可加入鮮奶油中打發、擠花，創造清爽風味。

· **酸奶**：乳霜質地的微酸發酵乳製品，比優格更濃郁。

堅果

其油脂與香氣可以提升糕點的口感和味道層次，所以烘焙時會頻繁使用堅果，不過因容易變質、產生油耗味，最好以冷藏保存。

· **杏仁（角）、胡桃**：使用新鮮堅果，如需事先烘烤請依照食譜說明，烘烤至適當程度。

· **杏仁粉**：因富含堅果香氣與油脂，添加杏仁粉的甜點吃起來潤口且香氣十足，店裡通常選用馬卡龍專用杏仁粉，因質地較為細緻，一般烘焙用杏仁粉也可以製作。

· **榛果粉**：榛果粉和杏仁粉味道略微不同，只使用一點也能為糕點帶來濃郁香氣。

巧克力和可可製品

· **可可粉**：100% 純可可製成的無糖可可粉，本書使用的是法國法芙娜可可粉。

· **水滴巧克力**：本書使用法國法芙娜 52% 耐烘焙水滴巧克力，可可風味濃郁、不過甜，可加入餅乾、司康、麵包等烘焙產品。

· **巧克力**：市面上的巧克力大致分為黑巧克力、牛奶巧克力和白巧克力，本書使用法芙娜 70% 瓜納拉巧克力、55% 厄瓜多爾巧克力、40% 吉瓦那牛奶巧克力、35% 伊芙兒白巧克力等。

· **草莓奇想**：法芙娜奇想系列是由 100% 新鮮水果萃取成果粉，加上可可脂和糖製成的純天然調溫可可脂，味道濃郁，可製作甘納許、慕斯、批覆等等。

專用粉

· **小蘇打粉、泡打粉**：食品可添加的膨鬆劑，小蘇打粉又稱碳酸氫鈉，在烘焙過程中與酸性物質作用產生二氧化碳氣體使麵團蓬鬆，泡打粉中含有蘇打粉及其他酸性材料，溶於水後即產生二氧化碳氣體，市面上常見的泡打粉屬雙效泡打粉，即遇水時產生第一階段的膨發，接觸熱之後會再次產生氣體膨脹。

· **玉米粉**：從玉米萃取其澱粉質加工而成。可增加餡料濃稠度，少量加入蛋糕可讓口感更輕盈。

· **NH 果膠粉**：從天然水果中提取的碳水化合物膠質，作為增稠劑，可用於製作果醬、果餡、軟糖和鏡面果膠等。

· **吉利丁粉**：從動物（通常是豬或魚）提煉而來的膠質，可幫助液體材料凝固定型，如使用吉利丁片可以用量 1：1 取代，需注意使用方式不同。

調味與香料

· **鹽**：做甜點不能缺少的調味料，適量的鹽能提升我們的味覺感受和整體風味。

· **香草莢、香草醬、香草粉**：做烘焙最不可或缺的香料，豐富的香氣能增加甜點味道層次，不同品種和產地會散發不同風味，本書多採用馬達加斯加波本香草莢，如果沒有香草莢，也可添加適量香草醬替代，香草粉由乾燥後的香草莢低溫研磨製成，多用於製作餅乾、塔皮或常溫點心。

‧**茶葉、茶粉**：茶葉不論是要混合進麵糊還是煮進牛奶、鮮奶油中，可以打碎後使用，讓味道更易融入，研磨到細緻的茶粉可直接加入麵團、麵糊或鮮奶油中使用，方便之外，味道也比茶葉直接、濃郁。

內餡材料

‧**玄米粒**：玄米即是糙米，加在麵包、餅乾中可增加口感、提供米穀香氣，也可泡茶或料理食用。

‧**可可巴瑞脆片**：酥酥脆脆、帶著餅乾香氣，常用來製作成甜點內餡、手工巧克力等，豐富口感和層次。

‧**果泥**：本書中使用許多冷凍果泥，因冷凍時保留了新鮮水果風味，使用起來方便且穩定，使用前可先在冷藏退冰後使用。

‧**柚子汁**：日本柚子酸香迷人，使用 100% 柚子汁。

‧**甜栗子泥**：使用添加 15% 糖的安貝甜栗子泥，因是罐裝，開封後要盡快使用，以免味道流失。

‧**糖漬柚子丁**：採用日本梅原糖漬果物的糖漬柚子丁，一般用於麵包或糕點中。

‧**榛果醬**：使用無糖的榛果醬，店裡使用 Corsiglia 西西里榛果醬。

酒

‧**蘭姆酒**：蘭姆酒味道強烈、鮮明，其特有的糖蜜和焦糖香能讓甜點更有層次，因此常用於烘焙。

‧**檸檬酒**：使用來自義大利的檸檬酒利口酒，可增添蛋糕的檸檬香氣。

‧**紅茶酒**：使用日本 Returner 紅茶利口酒，帶有伯爵茶香氣。

‧**荔枝酒**：使用荔枝香甜酒，加入甜點中可以讓荔枝的味道更顯著。

── 烘焙的基本知識 ──
BAKING BASICS

焦化奶油

焦化奶油又稱榛果奶油、棕奶油，因奶油在加熱後，乳脂固形物焦化、散發出堅果濃厚香氣而得名，運用在糕點中能帶來迷人、有層次的風味。

| 材料 |　　無鹽奶油 300 克

| 作法 |

1. 在一淺色鍋中將奶油融化，奶油沸騰後持續攪拌，避免焦底（奶油沸騰時可能噴濺，請選擇深的湯鍋或單手鍋）。

2. 持續加熱時表面會出現大量泡沫，當奶油顏色開始變深時，撥開泡沫確認顏色。

3. 煮好的焦化奶油應是接近紅茶色並散發堅果香氣，此時立即離火並將鍋子浸在水中停止加熱（煮過頭會有不好的焦味出現，因此要立即降溫），最後的焦化奶油重量約為原本奶油的 0.8。

TIPS

1. 使用時可依個人習慣過篩或直接使用。
2. 若有剩下的奶油可密封冷藏保存，使用時融化即可。

吉利丁凍

吉利丁片需先以冰水泡軟再擠乾，因此一般多採用較方便的吉利丁粉，因使用量大，可事先將吉利丁粉製成吉利丁凍，讓製作流程更快速、順暢。

| 材料 |　　吉利丁粉 40 克
　　　　　飲用水 200 克

| 作法 |　　1.　在一容器內將飲用水倒入吉利丁粉中，均勻攪拌。

　　　　　2.　靜置 15 ～ 20 分鐘讓吉利丁粉吸水膨脹，待完全凝固。

　　　　　3.　放入微波爐或隔水加熱，最後呈均勻的液體狀，然後密封冷藏至凝固後使用。

TIPS　　　1. 使用時，粉和水的比例為 1：5，若配方需要的吉利丁粉為 4 克，吉利丁凍需要用量就是 24 克（粉 4 克＋水 20 克）。

　　　　　2. 使用吉利丁粉要注意包裝上粉和水的比例，並依照包裝說明操作。

　　　　　3. 吉利丁凍可密封存放冷藏 5 天。

30 度波美糖漿

波美（Baumé）是測量液體密度的單位，30 度波美糖漿就是液體密度在波美 30 度的糖漿。可刷在蛋糕上增加濕度，或添加酒製成酒糖液刷在蛋糕上增加香氣，也可刷在可頌、國王派等甜點表面增加甜度，使之在烘烤後有亮澤的外觀。

| 材料 |　　　水 100 克
　　　　　　　細砂糖 135 克

| 作法 |　　　水和細砂糖放入鍋中，煮至細砂糖徹底溶解及沸騰即可。

TIPS　／　　糖漿可冷藏保存 3 個星期。

香草莢的運用和保存

可當主角也可以是配角,製作甜點時不可或缺的原料,亦是甜點世界中無法取代的特殊存在。不同產地的香草莢有著不同的香氣與味道,可根據甜點需求來做選擇。整根香草莢皆能使用,最常被拿來運用的是香草莢中一點一點的黑色香草籽。

| 材料 |　　香草莢 1 支

| 作法 |　　以小刀將香草莢剖半,用刀背取出裡面的香草籽。

TIPS

1. 如何選購香草莢
選擇外型飽滿,帶有油脂光澤的新鮮香草莢,香草莢害怕接觸空氣,若有真空包裝的香草莢最好,冷藏或冷凍過的香草莢會影響香氣,應盡量避免。

2. 如何保存香草莢
以真空密封、放在陰涼處保存為最佳,或放進玻璃瓶,再倒入高約 1～2cm 的酒精(酒精濃度至少 40%)保存,讓香草莢保持濕潤不易變質。

鮮奶油打發與香緹擠花

鮮奶油打發原理是靠脂肪球相撞形成網狀結構，進而包覆空氣而增加體積，因此乳脂肪過低就會失敗，一般需使用至少 35% 乳脂肪來打發。鮮奶油在 4 ～ 8 度時，脂肪硬度高、氣泡性佳，最容易打發成功，因此要特別注意室內環境與鮮奶油溫度，在炎熱的環境打發鮮奶油，可事先把打發盆冰起來，或在底部墊冰塊進行打發。

鮮奶油打發階段

打發鮮奶油分成不同階段，一分至六分打發時間較長，此階段的鮮奶油流動性高，六至八分發是最常使用的狀態，但狀態變化快，因此這階段要注意不要打過頭，可改為中慢速攪拌或手動攪拌。

六分發的鮮奶油開始變濃稠，滴落時有痕跡可稍微堆積，但痕跡不久後會消失，七分發的鮮奶油開始有明顯紋路和立體性，還有些許流動性，可用來擠花和做蛋糕表面的抹面，八至九分發的鮮奶油紋路明顯且已沒有流動性，適合作為蛋糕捲內餡和蛋糕夾層。

鮮奶油如果打發過度，會反黃、油水分離，到了此階段的鮮奶油無法使用和復原，要特別注意。

香緹擠花

打發鮮奶油卽爲香緹，通常會加入不超過 10%的糖量一起打發，也可另外添加少量香草和酒提味。

香緹擠花最重要的是控制鮮奶油打發的軟硬度，香緹過軟會讓整體形狀過於軟塌，過硬則會讓表面粗糙，不同花嘴和不同形式的擠花，需要不同的香緹軟硬度，掌握好之後，接著練習擠花時手的高度、角度和節奏，就能擠出好看的擠花，讓蛋糕看起來更細緻可口。以下爲本書使用的幾種花嘴擠花範例。

・七分發香緹

圓型花嘴：使用七分發的香緹擠花，垂直擠出香緹後快速拉起，可擠出平滑的水滴形狀，以需要的水滴大小，選擇圓型花嘴尺寸大小。

多齒星型花嘴：在擠出香緹時，多齒型花嘴會讓鮮奶油變得更硬，所以使用約七分發的香緹擠花，就可擠出好看不斷裂的貝殼形狀，若想擠出堆疊的樣子，則以八分發的香緹擠花即可。

・八分發香緹

聖安娜花嘴：使用八分發的香緹擠花，擠出後前後連續擺動不間斷，注意手的角度過大，容易擠出歪斜的香緹。

七齒星型花嘴：較少齒的花嘴不能用太軟的香緹擠花，八分發的香緹可以擠出單純的星形，也可以堆疊裝飾。

—— 基礎內餡與自製果醬 ——

FILLING & JAM

卡士達

卡士達是做甜點最常用的內餡，也是基礎奶醬，以它為延伸再加入其他食材，便可做出各式各樣不同口味、質地的奶醬，例如：加入巧克力、果泥或茶等，可做出不同口味的卡士達，加入奶油就成為濃郁的穆斯林奶油餡，加入香緹鮮奶油便是輕盈的外交官奶油餡，混入義大利蛋白霜則能做出具空氣感的希布斯特奶油餡。

好吃的卡士達需要新鮮的食材，且確實操作每個步驟，不論是牛奶、蛋，甚至是香草莢的產地、品質，都會影響成品味道，操作中要特別注意細節才不會煮出過稀、過稠，甚至結塊的卡士達。成功的卡士達，應在煮完放涼後不會沾黏在盛裝的盤子上（可以一整塊拿起），且口感滑順不粘膩。

| 材料 |

牛奶 200 克　　　　　　　細砂糖 40 克

鮮奶油 50 克　　　　　　　玉米粉 10 克

香草莢 1/4 支　　　　　　　低筋麵粉 10 克

蛋黃 48 克　　　　　　　　無鹽奶油 10 克

| 事先準備 |

1. 玉米粉和低筋麵粉一起過篩。

2. 取出香草籽，和香草莢、牛奶、鮮奶油一起放入鍋中（可提前一晚將香草莢放入，讓香草味更濃郁）。

| 作法 |

1. 牛奶、鮮奶油放入鍋中煮至鍋邊冒泡，蛋黃、細砂糖、玉米粉和低筋麵粉一起攪拌至發白。

2. 取出牛奶中的香草莢，先將一半的鮮奶油和牛奶沖入蛋黃糊中攪拌，接著再加入另一半，蛋黃牛奶倒回鍋中，一邊加熱一邊不斷攪拌至濃稠時，可離火攪拌至均勻，再回到爐上。

3. 煮滾後，持續攪拌到表面出現光澤即關火，加入室溫奶油攪拌均勻，接著卡士達均質或過篩後倒入淺盤，以保鮮膜貼面冷藏保存。

TIPS　／　1. 卡士達在加熱過程中要不斷攪拌，以免焦底。

　　　　　　2. 鮮奶油可以牛奶取代。

保存方式：冷藏保存 5 天，不建議冷凍保存。

杏仁奶油餡／杏仁卡士達內餡

　　杏仁奶油餡基本上是一種萬用的餡料，由糖、奶油、雞蛋、杏仁粉這幾個材料所組成，帶有奶油和堅果香氣，不只在製作甜點時，經常會以杏仁奶油餡做為基底，接著做出口味上的變化，也常用來做為塔派的基礎內餡。

　　傳統比例是奶油、糖、蛋和杏仁粉1：1：1：1，但可依照甜點的需求改變比例，並依需求另外添加麵粉、玉米粉，建議保留相當比例的杏仁粉，因為杏仁粉帶有堅果香氣，可豐富整體口感、香味層次，卻又不至於搶味，是甜點中相當恰如其分的最佳配角，另外也能加入蘭姆酒等酒類來增添香氣。

　　杏仁卡士達內餡就是杏仁奶油餡和卡士達混合後的內餡，比杏仁奶油餡更濕潤，除了常用來做為塔派內餡外，也會用來作為國王派的內餡，兩者混合時可拌入酒類增添香氣，拌好的杏仁卡士達可冰冷藏一夜，讓食材更為融合，進而提升味道深度與層次。

| 杏仁奶油餡材料 |

無鹽奶油 90 克　　　　　　玉米粉 8 克

糖粉 90 克　　　　　　　　全蛋 60 克

杏仁粉 90 克

| 事先準備 |

1. 無鹽奶油室溫放軟。

2. 全蛋室溫。

3. 杏仁粉過篩，和玉米粉放一起。

| 作法 |

1. 室溫奶油打軟，加入糖粉拌勻。

2. 分 3 ～ 4 次加入全蛋液，每次拌勻後再加入下一次蛋液，最後加入杏仁
　　粉和玉米粉拌勻。

保存方式：以保鮮膜貼面冷藏，3 天內使用完畢。

| 杏仁卡士達內餡材料 |

卡士達 60 克（製作方法參照 P42）

杏仁奶油餡 335 克

蘭姆酒 9 克

| 作法 |

1. 卡士達拌軟，注意不能使用溫熱的卡士達，以免奶油融化。

2. 杏仁奶油餡攪拌均勻，加入卡士達拌勻。

3. 加入蘭姆酒攪拌均勻，貼面冷藏一夜。

保存方式：以保鮮膜貼面冷藏，3 天內使用完畢。

焦糖醬

　　焦糖微苦的味道能為甜點創造更多層次，將糖煮至焦化後加入水可製作焦糖液，加入鮮奶油則能做成焦糖醬，焦糖醬質地會因糖和鮮奶油比例而不一樣，此食譜的比例為簡單的 1：1。

| 材料 |

細砂糖 120 克
鮮奶油 120 克

| 作法 |

1. 取一個有深度的鍋子，開中火倒入一些細砂糖，待細砂糖融化後，剩下的細砂糖分次加入，此時輕輕搖晃鍋子，當融化的糖呈金黃色便開始攪拌。

2. 同時加熱鮮奶油，待焦糖變深，分次倒入鮮奶油攪拌均勻。

TIPS　　　1. 鮮奶油要在溫熱狀態倒入焦糖，以免過度噴濺和結塊。
2. 焦糖顏色依喜歡的味道決定，越淺的焦糖偏甜，越深越苦，冒大泡泡後馬上加入鮮奶油，可煮出有深度略帶苦味的焦糖醬。
3. 可依個人喜好添加海鹽增加焦糖醬層次。

保存方式：倒入乾淨的容器，可冷藏保存 1～2 個星期。

開心果果醬

　　自己打的開心果果醬新鮮好吃，保留一些顆粒質地，和市售開心果果醬有著不同口感。除了因不同產地，而有風味差異外，根據烘烤程度也會影響開心果最後的顏色與香氣。

│ 材料 │

開心果 200 克
細砂糖 20 克
植物油 10 克
鹽 0.5

│ 作法 │

1. 開心果以 160 度烤 12 ～ 15 分鐘至上色，拿出烤箱，放到完全涼透。

2. 開心果、鹽和細砂糖放入食物處理機打碎。

3. 加入植物油繼續打至滑順，放入殺菌過的容器中存放。

保存方式：倒入乾淨的容器保存，自製開心果果醬可冷藏保存 2 ～ 3 個星期。

草莓果醬

　　每到草莓季，就懷念起熬煮果醬時空氣中瀰漫的草莓香氣，親自將這樣的香氣與味道收藏在罐子裡，成了每年的儀式，我們最常把它和鮮奶油打發成草莓香緹，然後使用在甜點中。

| 材料 |

草莓（新鮮或冷凍）500 克
香草莢 1/2 支
細砂糖 275 克
檸檬汁 10 克

| 事先準備 |

1.　若用新鮮草莓，清洗後瀝乾，切半。

2.　取出香草莢中的香草籽。

3.　準備一個消毒殺菌的玻璃瓶。

| 作法 |

1.　細砂糖、檸檬汁、香草籽和草莓拌在一起，靜置至少 1、2 個小時。

2.　中小火加熱，邊煮邊攪拌，煮至濃稠卽可離火（可取一小匙放入冷藏確認喜好的稠度）。

3.　趁熱裝進玻璃瓶中，倒放至完全冷卻。

保存方式：未開封果醬可室溫保存 3 個月，開罐後可冷藏保存 6 個月。

茂谷柑果醬

　　台灣茂谷柑香氣特別，皮薄且多汁香甜，做出來的果醬特別好吃，我們會在產季到來時空出時間，製作一罐罐的果醬，將茂谷柑最好的風味保留起來，使用在甜點中或塗抹在鬆餅、麵包上都很合適。

| 材料 |

茂谷柑 500 克

細砂糖 200 克

| 事先準備 |

1.　準備一個消毒殺菌的玻璃瓶。

2.　茂谷柑清洗、瀝乾，取出籽，切成 3 ～ 4cm 的塊狀。

| 作法 |

1.　細砂糖拌入茂谷柑，靜置一夜。

2.　細砂糖和茂谷柑放入食物處理機打碎。

3.　倒入鍋中熬煮，煮至濃稠後離火。

4.　趁熱裝進玻璃瓶中，倒放至完全冷卻。

保存方式：未開封果醬可室溫保存 3 個月，開罐後可冷藏保存 6 個月。

2

鐵盒餅乾

BISCUIT

製作一盒鐵盒餅乾時，餅乾彼此擺在一起，不管是顏色、形狀還是尺寸都要特別經過一番思量，味道太強烈或濕度太高的食材，不適合放進鐵盒，因為容易影響到其他餅乾，因此雖然盒子不大，製作起來卻相當費心。

如果想讓內容更豐富一點，除了餅乾，還可以放進牛奶糖、糖果、堅果等品項，讓一盒鐵盒餅乾充滿驚喜。若是保存得當，常溫密封下放至兩、三個禮拜都沒問題，很適合做為禮物，送給家人和朋友，他們一定能感受到小小餅乾盒裡滿滿的心意。

SERVINGS 食譜份量

30 顆

檸檬覆盆子雪球

　　檸檬和覆盆子的味道酸酸甜甜，加上雪球酥鬆的口感，放在鐵盒裡不只可以增加顏色豐富度，味道也十分清爽、討人喜歡。

INGREDIENTS
材料

餅乾麵團材料：
無鹽奶油 100 克
＊香草糖粉 28 克
檸檬皮 1 克
低筋麵粉 115 克
杏仁粉 62 克
杏仁角 35 克
鹽 0.5 克

覆盆子糖粉材料：
覆盆子粉 15 克
糖粉 73 克

＊香草糖粉材料：
純糖粉 100 克
香草莢研磨粉 1 克

PREPARATION
事前準備

1. 杏仁角以 160 度烤 10 分鐘。
2. 香草莢糖粉材料混合均勻，取出需要的份量使用。
3. 檸檬洗乾淨，削下綠色的皮，避開白色苦澀位置。
4. 過篩低筋麵粉、杏仁粉和鹽。
5. 覆盆子粉和糖粉均勻混合。

STEPS
作法 ─────────────────────────

1. 檸檬皮加入香草糖粉中,以指尖將檸檬皮搓入糖粉,釋放檸檬香。

2. 室溫無鹽奶油和檸檬香草糖粉混合,打發至乳白色蓬鬆狀。

3. 加入低筋麵粉、杏仁粉拌合。

4. 乾粉幾乎快不見時拌入杏仁角,攪拌至均勻即可。

5. 麵團放入塑膠袋，整
形成18×11cm的長方
形。

6. 麵團冷藏至少 2 小時，從塑膠袋取出，
短邊分 3 份，長邊分 5 份，切出 15 個長
寬 3.6cm 正方形後，刀子斜切將正方形
剖半成三角形。

7. 烤箱預熱 150 度，烤 20 ～ 25 分鐘。

8. 出爐後，餅乾放至冷卻，放入覆盆子糖
粉中均勻裹上糖粉。

焦糖椰香蔓越莓義式脆餅

椰子和焦糖的組合一直是我們很喜歡的味道，麵團中加入蔓越莓和胡桃，吃這款餅乾時能享受到各種香氣，切碎的白巧克力烘烤過後帶著焦化的乳香，也讓焦糖風味更有層次，是不可或缺的材料。

INGREDIENTS 材料		
	焦糖醬 25 克	鹽 1 克
	全蛋 55 克	蔓越莓乾 26 克
	細砂糖 50 克	胡桃 30 克
	椰漿粉 20 克	白巧克力 30 克
	椰子粉 36 克	
	低筋麵粉 55 克	
	高筋麵粉 50 克	
	泡打粉 4 克	

PREPARATION
事前準備

1. 蔓越莓乾過熱水，吸乾水分。
2. 低筋麵粉、高筋麵粉、泡打粉和鹽一起過篩。
3. 胡桃以 160 度烘烤 10 分鐘，剝成一半。
4. 白巧克力切成 0.8cm 大小。

STEPS
作法 —————————————————————————

1. 製作焦糖醬（焦糖醬製作方法參照 P50）。

2. 放涼的焦糖醬和全蛋混合均勻，加入細砂糖攪拌。

3. 加入椰漿粉和椰子粉攪拌均勻，再加入低筋麵粉、高筋麵粉、泡打粉和鹽。

4. 拌入蔓越莓乾、胡桃和白巧克力。

5. 麵團移至烤盤上，若狀態濕黏，可放置 20 ～ 30 分鐘待水分吸收，再整形成 6×42cm 的長條型。

6. 第一次烘烤，烤箱預熱 145 度，烤23 分鐘，取出放涼。

7. 切成厚度 1.2cm 的片狀，平放在烤盤上。

8. 第二次烘烤，烤箱預熱 125 度，烤 20 ～ 22 分鐘出爐。

蝴蝶酥

相較於傳統千層的做法，用快速千層的方式做蝴蝶酥也可以既漂亮又好吃，注意盡量在低溫環境下進行擀折，不讓奶油融化才能做出最好的口感。

INGREDIENTS
材料

中筋麵粉 150 克   細砂糖 B 50 克
低筋麵粉 30 克
無鹽奶油 180 克
水 90 克
海鹽 3 克
細砂糖 A 12 克

PREPARATION
事前準備

1. 水、海鹽和細砂糖 A 混合，冷藏至少 30 分鐘。
2. 冰奶油切成丁狀。

STEPS
作法

1. 冰奶油和中筋、低筋麵粉放入食物處理機，將奶油稍微打碎。

2. 一邊加入水，一邊將麵團混合（混合後的麵團仍看得出塊狀奶油分佈其中）。

3. 麵團整形成約 15×15cm 的正方形，包保鮮膜後冷藏休息 1 小時。

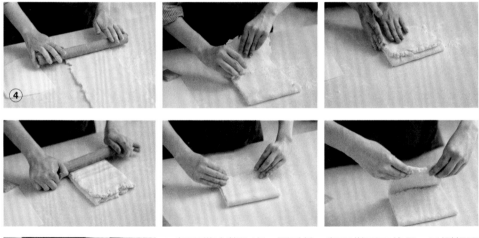

4. 麵團從冷藏取出，灑手粉，麵團擀至三倍長，目測麵團分為上、中、下三等分，上方的麵團折至中間，下方的麵團再往上折，此動作稱為三折，三折後麵團開口轉朝右，麵團擀長一點，再三折一次，接著放入冷藏休息 30 分鐘。

5. 麵團從冷藏取出,再三折兩次,然後放冷藏休息至隔夜。

6. 拿出麵團,擀成約 32×44cm 大小的長
方形。

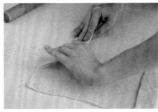

7. 麵團噴水,均勻撒上細砂糖,短邊目測分爲六等分後,
左右兩邊各往內折兩次後再對折。

8. 接著放入冷凍定型 20 ～ 30 分鐘。

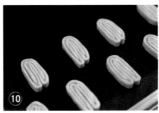

9. 切成厚度 1cm 的麵團,間隔約 5cm,平均放在烤盤上。

10. 烤箱預熱 180 度,烤 13 分鐘,再降溫至 170 度烤 10 分鐘。

SERVINGS 食譜份量

36 片

海苔玄米酥餅

海苔的顏色和味道都很鮮明，玄米茶則是帶著淡淡的尾韻和香氣，麵團中加入脆脆的玄米，讓餅乾吃起來有酥有脆，口感更豐富。

INGREDIENTS
材料

無鹽奶油 64 克

海鹽 3 克

細砂糖 35 克

杏仁粉 22 克

低筋麵粉 160 克

全蛋 20 克

牛奶 30 克

脫脂奶粉 6 克

帕瑪森起司粉 12 克

海苔粉 6 克

玄米茶粉 5.5 克

玄米粒 9 克

裝飾材料：

蛋液 適量

帕瑪森起司粉 適量

PREPARATION
事前準備

無鹽奶油切丁，冷藏備用。

STEPS
作法

1. 所有乾料放入食物處理機中打至均勻。

2. 放入冰奶油，攪打至細碎。

3. 牛奶和蛋一起倒入，攪打至手捏起成團。

4. 餅乾麵團放入塑膠袋，隔著塑膠袋把麵團擀成 24×31.5cm 的長方形後，放冷藏休息至少 2 小時。

5. 從冷藏取出餅乾麵團,分切成 3.5×6cm 大小的長方形。

6. 刷蛋液、灑上帕瑪森起司粉。

7. 烤箱預熱 150 度,烤 15 ～ 18 分鐘。

SERVINGS 食譜份量

30 片

巧克力薄脆餅

因為餅乾麵團擀得比較薄，所以吃起來味道濃郁卻帶著清爽，沾上巧克力又更好吃了，是個低調、有質感的巧克力餅乾。盡可能選擇品質佳的可可粉和巧克力製作，味道會更好。

INGREDIENTS 材料

無鹽奶油 80 克
細砂糖 60 克
牛奶 40 克
鹽 1.5 克
杏仁粉 25 克
低筋麵粉 136 克
可可粉 30 克
泡打粉 1.5 克

裝飾材料：
55％巧克力（法芙娜厄瓜多爾）200 克
鹽之花 適量

PREPARATION 事前準備

杏仁粉、低筋麵粉、可可粉、泡打粉和鹽一起過篩備用。

STEPS
作法 —————————————————————————

1. 室溫無鹽奶油和細砂糖打發。

2. 分次加入牛奶攪拌均勻。

3. 加入杏仁粉、低筋麵粉、可可粉、泡打粉
   和鹽拌勻。

4. 擀成厚度 0.3cm 的麵團，放入冷藏休息
   至少 2 小時。

5. 以 5cm 的圓形壓模壓出圓形的餅乾麵團。

6. 烤箱預熱 160 度，烤 15 分鐘。

7. 調溫巧克力，巧克力隔熱水融化至 45 度，降溫至 27 度，再隔熱水加熱至 30 ～ 32 度，
   將冷卻的餅乾沾上巧克力。

8. 鹽之花灑在巧克力上，等待巧克力凝固即可。

SERVINGS 食譜份量

50 片

果醬餅乾

餅乾麵團中擠入喜歡的果醬,可以增添不同色彩,且造型可愛也很好吃。書中用的是自製的茂谷柑果醬,也可以用市售果醬來製作。

INGREDIENTS
材料

無鹽奶油 100 克　　　茂谷柑果醬 適量
香草糖粉 21 克
糖粉 21 克
蛋白 16 克
低筋麵粉 113 克
玉米粉 5 克
鹽 0.5 克

PREPARATION
事前準備

1. 無鹽奶油、蛋白回復室溫。
2. 低筋麵粉、玉米粉和鹽一起過篩。

STEPS
作法

1. 無鹽奶油和香草糖粉打發至泛白。

2. 分次加入蛋白攪拌均勻。

3. 分兩次加入乾粉拌勻。

4. 麵團裝入擠花袋，從中心點往外繞一圈擠
   出麵團。

5. 中心填入適量茂谷柑果醬（茂谷柑果醬製
作方法參照 P56）。

6. 烤箱預熱 150 度，烤 27 分鐘。

SERVINGS 食譜份量

（9.5×17cm 模具）
45 顆

香草牛奶糖

　　自己做牛奶糖好吃又好玩，重點是熬煮過程要均勻攪拌避免燒焦，及注意煮糖的溫度，溫度高一點會硬一些，低一點則會偏軟，另外也可以在入模前拌入喜歡的果乾做變化。

INGREDIENTS
材料

鮮奶油 240 克
牛奶 180 克
香草醬 3 克
細砂糖 63 克
海藻糖 33 克
蜂蜜 8 克
水麥芽 15 克
海鹽 1.2 克

無鹽奶油 6 克

PREPARATION
事前準備

烘焙紙裁成比模具稍大的大小，放入模具防止沾黏。

STEPS
作法

1. 除了無鹽奶油，所有材料放進鍋子，一邊加熱一邊攪拌，沸騰後仍不斷攪拌。

2. 以溫度計測量，加熱至 116 度後關火。

3. 加入無鹽奶油，攪拌均勻後倒入模具。

4. 鋪平放涼後，放入冷藏冰硬。

5. 切成 1×3.2cm 的小塊牛
   奶糖，以糖果紙包起保
   存。

常溫蛋糕

TRAVEL CAKE

對我來說常溫蛋糕一直有一種魔力，好吃的常溫蛋糕有時比漂亮的冷藏蛋糕令人記憶深刻，自從懂得欣賞它們的魅力，就常常在甜點店中尋找他們的蹤影，每次都期待不同店家製作出來的味道。

相對於需要低溫保存的甜點，常溫蛋糕顧名思義在常溫下保存，不會那麼容易變質，製作也不會太困難複雜，是很適合在家中操作的點心，烘烤出來不用怕一下吃不完，台灣的天氣放在室溫下，依季節可以保存約三到七天，若是希望能長時間保鮮，放冷凍可存放一個月。

SERVINGS 食譜份量

25 個

香草費南雪

因使用大量杏仁粉和焦化奶油，費南雪有著無法比擬的濃郁香氣，出爐後享用，可感受焦脆外表和柔軟內在同時存在的獨特口感，放置一段時間再品嚐，此時蛋糕整體濕度達到一致，奶油和堅果的味道已融合深化，香氣更勝剛出爐。我們喜歡以榛果粉替代杏仁粉提升香氣，讓味道更有層次，若沒有榛果粉，可以杏仁粉替代榛果粉的份量。

INGREDIENTS
材料

無鹽奶油 241 克
香草籽 1/2 支
細砂糖 178 克
杏仁粉 112 克
榛果粉 21 克
低筋麵粉 63 克

泡打粉 1.3 克
鹽之花 1.2 克
蛋白 214 克
葡萄糖漿 18 克

PREPARATION
事前準備

1. 費南雪烤模塗一層奶油防止沾黏。
2. 香草籽和細砂糖放一起，以手指搓開。
3. 杏仁粉和榛果粉如有結塊可用粗篩網過篩，再和篩過的低筋麵粉、泡打粉、鹽之花放一起混合均勻。

STEPS
作法 ─────────────────────────────

1. 製作焦化奶油（焦化奶油製作方法參照 P32 ）。

2. 香草籽、細砂糖和過篩粉
   類放一起，蛋白、葡萄糖
   漿倒入放乾粉的盆中，攪
   拌均勻。

3. 將 60 ～ 70 度的焦化奶油加入麵糊，由中心往外劃圈攪拌至均勻。

4. 麵糊裝入擠花袋，每顆擠
   出 29 克的麵糊。

5. 烤箱預熱 190 度，烤 10 ～ 11 分鐘。

6. 網架鋪上透氣烤墊，倒出烤好的費南雪放涼。

SERVINGS 食譜份量

25 個

茂谷柑茉莉綠茶費南雪

茉莉花香氣和很多水果都能搭配出很出色的味道，以台灣當季茂谷柑製成果醬，擠在費南雪麵糊上，可讓茂谷柑獨特的香氣襯托出茉莉綠茶的味道，是我們很喜歡的小點心。要特別注意茶葉挑選，品質好的茉莉綠茶烘烤出來的味道會更細緻、有深度。

INGREDIENTS 材料

無鹽奶油 211 克
細砂糖 156 克
茉莉綠茶茶葉 12.5 克
杏仁粉 109 克
低筋麵粉 62 克
泡打粉 1.1 克
鹽之花 1.2 克

蛋白 187 克
葡萄糖漿 8 克
蜂蜜 8 克
茂谷柑果醬 75 克

PREPARATION 事前準備

1. 費南雪烤模塗一層奶油防止沾黏。
2. 茉莉綠茶茶葉用研磨機打碎後，過篩出需要的份量使用。
3. 杏仁粉如有結塊可用粗篩網過篩，再和篩過的茶葉、低筋麵粉、泡打粉、鹽之花放一起混合均勻。

STEPS
作法

1. 製作焦化奶油（焦化奶油製作方法參照 P32）。

2. 香草籽、細砂糖和過篩粉
   類放一起，蛋白、蜂蜜、
   葡萄糖漿倒入放乾粉的盆
   中，攪拌均勻。

3. 將 70 度的焦化奶油加入麵糊，由中心往外劃圈攪拌至均勻。

4. 麵糊裝入擠花袋，每顆擠出 27 克的麵糊。

5. 茂谷柑果醬（茂谷柑果醬製作方法參照 P56）裝入小擠花袋，剪開 0.5cm 左右的開口，在每顆費南雪麵糊上擠出 3 克的果醬。

6. 烤箱預熱 190 度，烤 10 ～ 11 分鐘。

7. 網架鋪上透氣烤墊，因剛出爐的果醬容易沾黏，烤好的費南雪拿出烤箱，1 分鐘後再倒出放涼。

SERVINGS 食譜份量

16 個

檸檬糖霜瑪德蓮

好吃的瑪德蓮口感鬆軟、充滿奶油香氣,因為製作過程不會太複雜,很適合在家製作。檸檬口味的瑪德蓮是經典味道,刷上糖霜,不僅口感和味道更有層次,也能讓蛋糕保持濕潤,雖然多了一道程序,還是很推薦大家試試看。

INGREDIENTS 材料

* 酒糖液 適量
* 糖霜 適量

麵糊材料:

無鹽奶油 143 克
細砂糖 72.5 克
海藻糖 36 克

檸檬皮 3.8 克
全蛋 121 克
蜂蜜 14 克
轉化糖漿 12.5 克
低筋麵粉 105.5 克
玉米粉 6 克
杏仁粉 23 克
泡打粉 6.5 克
鹽 0.5 克

＊酒糖液材料:

波美糖漿 55 克
檸檬汁 11 克
檸檬酒 33 克

作法:

所有材料混合均勻。

＊糖霜材料:

糖粉 125 克
檸檬汁 25 克
水 5 克

作法:

所有材料混合均勻。

PREPARATION 事前準備

1. 檸檬皮放在細砂糖、海藻糖裡搓勻,釋放檸檬香氣。

2. 所有粉類過篩放在一起。

STEPS
作法 ─────────────────────────────────

1. 將奶油融化,維持在 50 ～ 60 度左右。

2. 室溫的全蛋、蜂蜜、轉化糖漿一起放入攪拌盆拌勻,接著倒入細砂糖和海藻糖攪拌均勻。

3. 一次加入杏仁粉、玉米粉、低筋麵粉、泡打粉和鹽,攪拌至麵糊均勻,切勿過度攪拌。

4. 融化奶油倒入麵糊攪拌均勻,保鮮膜直接貼在麵糊上,避免麵糊接觸水氣,冷藏最少一個半小時,最多 24 小時。

5. 麵糊裝入擠花袋,擠入每顆 33 克左右的麵糊。

6. 烤箱預熱 180 度，烤 9 ～ 10 分鐘，出爐後將烤盤放置放涼架上，蛋糕斜放在烤模內，
　　一邊放涼，一邊刷上酒糖液。

7. 刷上糖霜後，以 170 度烤
　　1 分鐘讓糖霜乾燥。

伯爵茶紅豆瑪德蓮

伯爵茶香氣能讓紅豆吃起來更有層次，因此做了這麼一道常溫小蛋糕，為了降低甜度，特別挑選低糖紅豆餡放進蛋糕，因為光是伯爵茶就香氣十足，若是不放紅豆餡也可以，只要把紅豆餡份量用麵糊補上，就是單純的伯爵茶馬德蓮了。

INGREDIENTS
材料

＊酒糖液 適量

麵糊材料：
無鹽奶油 128 克
細砂糖 62 克
海藻糖 36 克
全蛋 109 克

蜂蜜 23.5 克
低筋麵粉 95 克
玉米粉 5.5 克
杏仁粉 20.5 克
泡打粉 6 克
伯爵茶葉 7.2 克
鹽 1 克
低糖紅豆餡 50 克

＊酒糖液材料：
水 36
細砂糖 18
伯爵茶利口酒 32 克
蘭姆酒 4 克

作法：
1. 水和細砂糖煮滾。
2. 伯爵茶利口酒、蘭姆酒加入步驟 1 混合均勻。

PREPARATION
事前準備

1. 伯爵茶葉打碎過篩備用。
2. 所有粉類過篩放在一起。

STEPS
作法 ─────────────────────────────

1. 將奶油融化，維持在 50 ～ 60 度左右。

2. 室溫的全蛋、蜂蜜一起放入攪拌盆拌勻，接著倒入細砂糖和海藻糖攪拌均勻。

3. 一次加入打碎的伯爵茶葉、杏仁粉、玉米粉、低筋麵粉、泡打粉和鹽，攪拌至麵糊均勻，
   切勿過度攪拌。

4. 融化奶油倒入麵糊攪拌均勻，保鮮膜直接貼在麵糊上，避免麵糊接觸水氣，冷藏最少
   一個半小時，最多 24 小時。

5. 麵糊裝入擠花袋，擠入每顆 30 克左右的麵糊。

6. 每個麵糊放上 3 克左右的紅豆餡。

7. 烤箱預熱 180 度，烤 9 ～ 10 分鐘，出爐後將烤盤放置放涼架上，蛋糕斜放在烤模內
   一邊放涼，一邊刷上酒糖液。

SERVINGS 食譜份量

21×6.8×5.5cm

磅蛋糕模　2 條

巧克力磅蛋糕

這是款帶有濃郁酒香及巧克力風味的磅蛋糕，蛋糕出爐後刷上酒糖液，除了可再次增加蘭姆酒香氣，也能讓蛋糕保持濕潤，幾天後吃一樣很好吃，記得刷上酒糖液後，趁熱用保鮮膜緊緊包覆蛋糕，避免水份流失，味道也會更濃郁喔！常溫狀態可放置三到四天，冷藏約一個禮拜，也可以切片後冷凍起來保存兩個禮拜左右，想吃的時候拿出來回溫即可。

INGREDIENTS
材料

無鹽奶油 120 克
杏仁粉 96 克
糖粉 118 克
全蛋 26 克
蛋黃 42 克
蛋白 78 克
細砂糖 26 克
蘭姆酒 24 克
低筋麵粉 40 克

高筋麵粉 20 克
可可粉 37 克
小蘇打粉 1.2 克
鹽 1 克
巧克力水滴 22 克

＊酒糖液 適量

＊酒糖液材料：
波美糖漿 15 克
蘭姆酒 15 克

PREPARATION
事前準備

1. 無鹽奶油、蛋回復室溫。
2. 杏仁粉和糖粉混合均勻。
3. 蛋黃和全蛋混合成蛋液。
4. 低筋麵粉、高筋麵粉、可可粉、小蘇打粉和鹽一起過篩。
5. 烘焙紙裁成適當大小，放進蛋糕模。

STEPS
作法

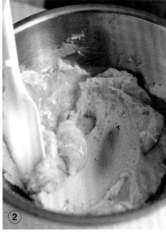

1. 無鹽奶油、杏仁粉和
   糖粉攪拌均勻。

2. 分次加入蛋液。

3. 加入蘭姆酒，拌至均勻。

4. 打發蛋白，分兩次加入細砂糖，打發成堅
   挺的蛋白霜。

5. 將 1/2 的蛋白霜和 1/2 的粉類加入步驟 3 中,用刮刀切拌至差不多均勻,加入剩下的
   蛋白霜和粉類,繼續切拌。

6. 加入巧克力水滴,均勻拌進麵糊。

7. 麵糊擠入烤模約一條 320 克,烤箱預熱 165 度,烤 28 ～ 30 分鐘,竹籤插入後沒有殘
   留濕麵糊即可出爐。

8. 蛋糕出爐後倒出,均勻刷上酒糖液,以保鮮膜密封保存。

香蕉磅蛋糕

SERVINGS 食譜份量

21×6.8×5.5cm

磅蛋糕模　2 條

香蕉一年四季都能取得，做成香蕉磅蛋糕後風味更迷人，是款平易近人、耐吃又易操作的甜點，爲了達到最濃郁的味道，請挑選帶斑的成熟香蕉，此時香蕉甜度和營養價值最高，做出來的蛋糕也最好吃。

INGREDIENTS
材料

無鹽奶油 125 克

虎尾糖 115 克

全蛋 66 克

香蕉 A 188 克

香蕉 B 145 克

中筋麵粉 93 克

低筋麵粉 59 克

泡打粉 1.9 克

小蘇打粉 2 克

鹽 1.8 克

肉桂粉 0.5 克

PREPARATION
事前準備

1. 無鹽奶油、蛋回復室溫。

2. 中筋麵粉、低筋麵粉、泡打粉、小蘇打粉、鹽和肉桂粉一起過篩備用。

3. 烘焙紙裁成適當大小，放進蛋糕模。

STEPS
作法

1. 香蕉 A 打成泥狀備用。

2. 香蕉 B 切成 1 cm 左右大小。

3. 無鹽奶油加入虎尾糖後打發至泛白。

4. 分次加入全蛋液攪拌均勻。

5. 分次並交錯加入乾粉和香蕉泥拌勻。

6. 拌入切成丁狀的香蕉。

7. 麵糊擠入烤模，每條 380 克，
   以 175 度烘烤 15 分鐘，再以
   165 度烤 13 ～ 15 分鐘，出爐
   後倒出放涼。

4

塔 和 派

塔派迷人之處在於塔派皮與內餡結合時，獨一無二的風味與口感，所
以除了內餡，好吃的塔皮或派皮格外重要，塔派皮製作、烘烤得當，
能讓人品嚐到內餡的美味，此章簡介紹兩種不一樣的塔皮，加入不同
內餡做出鹹與甜的變化。

對我來說塔派製作過程有著神奇的療癒力，從一開始的塔派皮製作，
一步一步烘烤完成，過程中有很多要注意的細節和經驗判斷，而塔派
的主軸明確、簡單，所以選擇當季、品質好的食材越能呈現出最好的
味道，可能是因為這些「誠實」的特質讓製作者感到踏實吧，希望大家
也能從中獲得意想不到的樂趣。

—— 塔派的基礎 ——

BASIC

· 油酥塔皮 (PÂTE BRISÉE)

油酥塔皮吃起來鹹味較甜味明顯，酥鬆、有層次的口感又富有麵粉香氣的味道，非常適合用來製作鹹派，常被稱作鹹塔皮，當然，使用上沒有一定，可依照自己喜歡的口感和味道搭配內餡。

為了創造最好的口感，盡量讓食材保持在低溫製作，因為除了麵團裡的水分能創造出層次，奶油顆粒也會在塔皮中造成孔隙，這些層次和孔隙是酥鬆口感來源，因此，為了製作出最好的質地，可先將奶油、麵粉和液體等材料冷凍或冷藏。一般作法，多是麵團成團後冷藏靜置一晚，讓筋性鬆弛後再烘烤，才不會回縮，影響外型與口感。

INGREDIENTS 材料	SERVINGS 食譜份量
低筋麵粉 400 克 糖粉 8 克 鹽 8 克 無鹽奶油 300 克 牛奶 100 克 蛋黃 15 克	共 830 克 PREPARATION 事前準備 1. 低筋麵粉、奶油切成丁狀放置冷凍半小時。 2. 牛奶和蛋黃混合並冷藏。

STEPS
作法

1. 低筋麵粉、糖粉和鹽放入攪拌盆中混合均勻。

  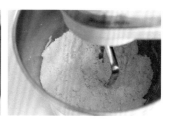

2. 奶油放入乾粉中,以槳狀攪拌器攪拌直到奶油呈現顆粒狀,如沒有攪拌機器,也可用
   刮板重複在鋼盆中將奶油切碎。

3. 牛奶和蛋黃分次倒入,攪拌至沒有乾粉即可,注意不要
   過度攪拌。

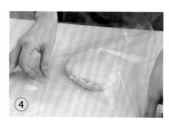 

4. 麵團稍微壓扁整理,並以保鮮膜密封,冷藏一夜後使用。
   此時也可依需要的克數,分成幾個麵團個別密封冷藏,
   方便後續擀開操作。

· 甜塔皮 (PÂTE SUCRÉE)

甜塔皮作法類似一般餅乾麵團，使用「糖油拌合法」操作，相較於油酥塔皮，吃起來略帶甜味卻十分輕盈，口感較為細緻、帶點硬脆，冷藏後只要不放置過久，可保持相同口感，因此很適合拿來做各種需要冷藏的甜塔。

如果直接填入已經煮熟的內餡，例如：檸檬奶油餡，需將塔皮烤到全熟，若要在塔皮半熟的情況下填入內餡，如本書裡的蘋果杏仁塔，就要分段烘烤，也有生塔皮直接填入內餡一起烘烤的方式。烘烤方式依照內餡口味不同而變化，因此製作時需特別注意。

INGREDIENTS
材料

無鹽奶油 130 克
糖粉 78 克
全蛋 30 克
鹽 1 克
低筋麵粉 202 克
杏仁粉 26 克

SERVINGS
食譜份量

共 465 克

PREPARATION
事前準備

1. 無鹽奶油室溫回軟、全蛋室溫。
2. 低筋麵粉、杏仁粉過篩。

STEPS
作法 ──────────

  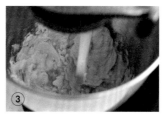

1. 室溫奶油攪拌至乳霜狀。

2. 加入糖粉拌勻。

3. 分次加入全蛋攪拌均勻。

4. 加入鹽、低筋麵粉和杏仁粉，攪拌至看不見乾粉為止。

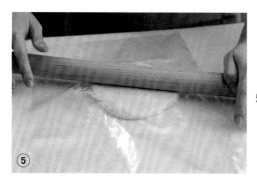

5. 麵團稍微壓扁整理，並以保鮮膜密封，冷藏一夜後使用。此時也可依需要的克數，分成幾個麵團個別密封冷藏，方便後續擀開操作。

SERVINGS 食譜份量

直徑 18cm　1 個

乳酪塔

　　雖然單純的乳酪蛋糕就很好吃，但想著帶點鹹味的酥鬆塔皮和乳酪一定是很搭的味道，於是有次將我們做巴斯克乳酪蛋糕的乳酪糊倒進塔皮裡烘烤，沒想到效果很好，原本的乳酪蛋糕變得更有層次更好吃了。乳酪糊鮮奶油很多，奶香濃郁容易膩口，因此一定要加鹽，雖然只放了一點，卻能平衡味道，讓人一口接一口不知不覺吃完。

INGREDIENTS
材料

油酥塔皮 240 克

鏡面果膠 適量

乳酪糊材料：

奶油乳酪 223 克

細砂糖 56 克

鹽 0.6 克

全蛋 108 克

酸奶 12 克

鮮奶油 129 克

香草精 1.5 克

PREPARATION
事前準備

1. 奶油乳酪放室溫。

2. 全蛋室溫。

3. 香草精、酸奶和鮮奶油混合均勻。

4. 準備深菊花派盤（三能 SN5564）。

STEPS
作法

1. 製作油酥塔皮麵團。

2. 從冰箱取出油酥塔皮麵團，放在塑膠袋中擀成直徑約 24 ～ 25cm 的圓形，厚度約 3 ～ 4mm，放回冷藏休息 1 小時。

3. 取出塔皮，灑上手粉防止沾黏，待塔皮回到適當軟硬度時放入塔模，快速將塔皮緊貼烤模，削去多餘塔皮，以手指再次確認塔皮貼緊烤模，注意手指力道，不改變厚度，塔皮冷凍 5 分鐘定型，放入烤紙及派石。

4. 烤箱預熱 170 度，烤 25 分鐘後倒出派石，繼續烘烤 15 分鐘。

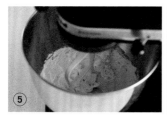  

5. 回軟的奶油乳酪放入攪拌盆，加入細砂糖和鹽攪拌均勻。

6. 分次加入全蛋液，慢速攪拌以避免拌入過多空氣，每次加入蛋液並攪拌均勻後，再繼續加入蛋液。

7. 分次加入事先混合的鮮奶油、酸奶和香草精。

8. 拌勻的乳酪糊過篩，倒入事先烤熟並已經涼透的塔皮中。

9. 烤箱預熱 190 度，烤 25 ～ 28 分鐘。

10. 出爐後放涼，刷上果膠，放進冷藏或冷凍至完全冷卻後即可。

紐奧良雞肉鹹派

曾經販售也開過課的鹹派，可當正餐也可當點心，是很多人喜愛的味道。鹹派口味變化無窮，可以簡單也可以豐富，要注意的是餡料水分不宜過多，最好先煮熟，蛋奶液要蓋過餡料，才能在烤熟後抓住餡料，切片時不會四散。

INGREDIENTS
材料

油酥塔皮 220 克

內餡材料：

洋蔥 1/3 顆

大蒜 2 ～ 3 瓣

洋菇 50 克

彩椒 70 克

櫛瓜 50 克

無鹽奶油 20 克

醃漬雞腿肉 180 克

全蛋 85 克

鮮奶油 112 克

起司絲 適量

肯瓊香料：

義大利綜合香料 2 大匙

鹽 1.5 大匙

匈牙利紅椒粉 2 大匙

乾燥百里香 1 大匙

粗粒胡椒粉 1 大匙

辣椒粉 1 大匙

大蒜粉 2 大匙

洋蔥粉 1 大匙

PREPARATION
事前準備

1. 雞肉切塊，肯瓊香料的所有材料混合均勻，舀 1.5 大匙放入切塊雞肉中拌勻，醃漬至少 20 分鐘。

2. 大蒜切末，洋蔥、彩椒、櫛瓜切小塊，洋菇切片。

3. 準備菊花派盤（三能 SN5561）。

STEPS
作法 —————————————————————————

1. 製作油酥塔皮麵團。

2. 從冰箱取出油酥塔皮麵團，放在塑膠袋中擀成直徑約 24cm 的圓形，厚度約 3 ～ 4mm，放回冷藏休息 1 小時。

3. 取出塔皮，灑上手粉防止沾黏，待塔皮回到適當軟硬度時放入塔模，
   快速將塔皮緊貼烤模，削去多餘塔皮，以手指再次確認塔皮貼緊烤
   模，注意手指力道，不改變厚度，塔皮冷凍 5 分鐘定型，放入烤紙
   及派石。

4. 烤箱預熱 170 度,烤 20 分鐘後倒出派石,繼續烘烤 15 分鐘。

5. 製作派餡,取一平底鍋融化一半無鹽奶油,加入醃漬雞腿肉煎到金黃後,取出雞肉。

6. 另一半奶油放入原本的鍋中,加入洋蔥、大蒜炒出香氣,再加入彩椒、櫛瓜和洋菇,拌炒至上色,可加入一小匙肯瓊香料調味,雞腿肉放回鍋中拌炒至全熟後,炒料取出放涼。

7. 炒好的派餡放入塔皮,全蛋和鮮奶油混合攪拌均勻,倒入塔中,烤箱預熱 190 度,總共烤 25 ～ 30 分鐘,烘烤 10 分鐘後取出鹹派,均勻灑上起司絲,繼續烘烤至表面金黃上色。

韓式泡菜炒豬肉鹹派

　　吃剩的菜放進鹹派，再做出一道新的料理，是鹹派吸引人的地方，不只不浪費，還能讓原本的料理變得更有趣、迷人。韓式泡菜炒豬肉鹹派就是這樣來的，因爲泡菜和韓式炒豬肉味道偏重，和蛋奶液、派皮搭配，味道變得溫和又不失香辣味。

INGREDIENTS
材料

油酥塔皮 220 克

內餡材料：

大蒜 2 ～ 3 瓣

薑 1 小匙

靑蔥 2 ～ 3 根

洋蔥 1/3 顆

豬肉片 220 克

韓式辣椒醬 11/2 大匙

醬油 1/2 大匙

韓式辣椒粉 2 茶匙

黑胡椒 適量

細砂糖 1/2 大匙

韓國芝麻油 11/3 茶匙

泡菜 90 克

金針菇 50 克

全蛋 85 克

鮮奶油 112 克

起司絲 適量

PREPARATION
事前準備

1. 大蒜、薑切末，靑蔥切段，洋蔥切絲。

2. 泡菜切成塊狀備用。

3. 準備菊花派盤（三能 SN5561）。

STEPS

作法

1. 製作油酥塔皮麵團。

2. 從冰箱取出油酥塔皮麵團，放在塑膠袋中擀成直徑約 24cm 的圓形，厚度約 3～4mm
   的麵團，放回冷藏休息 1 小時。

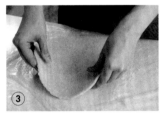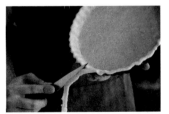

3. 取出塔皮，灑上手粉防止沾黏，待塔皮回到適當軟硬度時放入塔模，快速將塔皮緊貼
   烤模，削去多餘塔皮，以手指再次確認塔皮貼緊烤模，注意手指力道，不改變厚度，
   塔皮冷凍 5 分鐘定型，放入烤紙及派石。

4. 烤箱預熱 170 度，烤 20 分鐘後倒出派石，繼續烘烤 15 分鐘。

5. 開中大火，放入豬肉片、韓式辣椒醬、韓式辣椒粉、醬油、黑胡椒，加入適量細砂糖和韓國芝麻油，一起拌炒 1 分鐘，加入大蒜末、薑末，繼續翻炒，最後加入洋蔥、青蔥，炒至變軟、整體充滿香氣，先取出放涼。

6. 在原來的鍋中倒入韓國芝麻油，放入泡菜、金針菇拌炒，再加入些許細砂糖調整泡菜酸味。

7. 炒豬肉和炒泡菜均勻放入塔皮，全蛋和鮮奶油攪拌均勻，倒入塔中，烤箱預熱 190 度，總共烤 25 ～ 30 分鐘，烘烤 10 分鐘後取出鹹派，均勻灑上起司絲，繼續烘烤至表面金黃上色。

法式杏仁蘋果塔

　　杏仁蘋果塔是經典法式塔派，要做出漂亮的蘋果杏仁塔，蘋果薄片要切得好看，每片厚度要幾乎一致，切片方向以橫向切片，蘋果的圓弧會更好看，擺起來也比較容易。

INGREDIENTS 材料

甜塔皮 210 克

焦糖蘋果材料：
蘋果 230 克
細砂糖 10 克
無鹽奶油 15 克
肉桂粉 1/8 tsp

杏仁奶油內餡材料：
無鹽奶油 60 克
糖粉 55 克
全蛋 55 克
杏仁粉 60 克
低筋麵粉 10 克
香草醬 2 克
蘭姆酒 4 克

頂部蘋果片材料：
蘋果 1 ～ 2 顆
無鹽奶油 10 克
細砂糖 5 克
杏桃果醬 適量

防潮糖粉 適量

PREPARATION 事前準備

1. 蘋果削皮，製作焦糖蘋果的份量切成 1.5cm 大小的丁狀，頂部蘋果片的蘋果削皮後切成厚度 2 ～ 3mm。
2. 杏仁奶油內餡的無鹽奶油放室溫回軟，全蛋也放室溫回溫。
3. 杏仁奶油內餡的粉類過篩放一起。
4. 準備菊花派盤（三能 SN5561）

STEPS
作法 —————————————————————————————

1. 製作甜塔皮麵團。

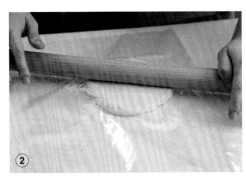

2. 從冰箱取出甜塔皮麵團，放在塑膠袋中擀成直徑約 24cm 的圓形，厚度約 3mm 的麵團，放回冷藏休息 1 小時。

3. 取出塔皮，灑上手粉防止沾黏，待塔皮回到適當軟硬度時放入塔模，快速將塔皮緊貼烤模，削去多餘塔皮，以手指再次確認塔皮貼緊烤模，注意手指力道，不改變厚度，塔皮冷凍 5 分鐘定型，放入烤紙及派石。

4. 烤箱預熱 170 度，烤 20 分鐘後倒出派石，繼續烘烤 5 分鐘。

5. 製作焦糖蘋果，蘋果丁放入鍋中，炒至稍微透明變色，加入細砂糖，繼續炒至水分收乾，加入無鹽奶油，持續拌炒至蘋果丁均勻上色後，加入肉桂粉拌勻，取出放涼。

6. 製作杏仁奶油內餡，糖粉拌入乳霜狀的無鹽奶油，分次加入全蛋液攪拌均勻，加入杏仁粉、低筋麵粉，最後加入蘭姆酒和香草醬。

7. 杏仁奶油內餡填入塔皮，鋪上涼透的焦糖蘋果，輕輕壓入使內餡平整。

8. 先從外側擺一圈切好的蘋果片，上面再擺第二圈。

9. 融化無鹽奶油，均勻刷在蘋果片上，灑上細砂糖。

10. 烤箱預熱 180 度，烤 40 ～ 45 分鐘，拿出後放涼，塗上杏桃果醬，外圍灑一圈糖粉
　　 裝飾。

SERVINGS 食譜份量

直徑 16cm　1 個

金桔芒果塔

　　芒果季一到，我們一定會做以芒果爲主角的甜點，芒果品種選擇衆多，店裡最常用具濃郁香氣、果肉細緻，且甜中帶點酸的愛文芒果。想做個不一樣的芒果塔，於是加入金桔和茉莉綠茶，兩者都是生長在台灣的我們熟悉的味道，吃起來似曾相識，也讓芒果風味更有層次。

INGREDIENTS
材料

甜塔皮 190 克
杏仁卡士達奶油餡
195 克
新鮮芒果 約 1 顆

金桔卡士達材料：

卡士達 92 克
鮮奶油 20 克
金桔汁 5 克

熱帶芒果果醬材料：

新鮮芒果泥 17 克
熱帶水果果泥 34 克
細砂糖 10 克
NH 果膠粉 0.7 克
檸檬皮 0.3 克

茉莉綠茶香緹材料：

鮮奶油 A 100 克
茉莉綠茶茶葉 5 克
白巧克力 18 克
吉利丁凍 9 克
細砂糖 16 克
鮮奶油 B 120 克

熱帶芒果果醬

STEPS
作法

  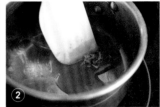

1. 新鮮芒果果泥和熱帶水果果泥加熱至 40 度，果膠粉和細砂糖混合均勻，一邊攪拌一邊加入鍋中煮至沸騰。

2. 加入檸檬皮並攪拌均勻，倒入平盤或容器中，貼面冷藏降溫備用。

茉莉綠茶香緹

STEPS
作法

1. 茉莉綠茶茶葉稍微打碎，與鮮奶油 A 一起煮滾後，篩入白巧克力和吉利丁凍後均質。

2. 接著倒入鮮奶油 B 和細砂糖，再次均
質，倒入容器，貼面冷藏至隔天使用。

組裝

事前準備

1. 準備 16cm 法式塔圈一個。
2. 透氣烤墊鋪在烤盤上。

STEPS
作法

1. 製作甜塔皮麵團。

2. 從冰箱取出甜塔皮麵團，放在塑膠袋中擀成直徑約 22cm 的圓形，厚度約 3mm 的麵
團，放回冷藏休息一小時。

3. 取出塔皮，灑上手粉防止沾黏，待塔皮回到適當軟硬度時放入塔圈，快速將塔皮緊貼
   烤模，削去多餘塔皮，以手指再次確認塔皮貼緊塔圈，注意手指力道，不改變厚度，
   塔皮冷凍 5 分鐘定型。

4. 杏仁卡士達（杏仁卡士達製作方法參照 P46）均勻擠入塔中，烤箱預熱 180 度，烤
   35 ～ 40 分鐘。

5. 製作金桔卡士達，卡士達拌軟（卡士達製作方式參照 P42），鮮奶油打至八分發，拌入卡士達，加入金桔汁拌勻，裝入擠花袋備用。

6. 在冷卻的塔上均勻塗抹上熱帶芒果醬，擠上金桔卡士達。

7. 打發茉莉綠茶香緹，裝入裝有星嘴的擠花袋，在塔的外圍擠一圈香緹。

8. 芒果切成塊狀放入塔中，以百里香裝飾。

泡芙

泡芙是很適合在家製作的甜點,因為幾乎不需用模具就能製作,填入內餡後要盡快享用,外殼才不會被內餡影響而濕軟掉,因此,在家做好,馬上趁新鮮吃完再適合不過。

泡芙的變化可說沒有偏限,除了在外型做變化,還可和其他元素結合變成獨一無二的甜點,例如:閃電泡芙、布雷斯特泡芙、聖多諾黑等,口味上更是無窮無盡,不論是清爽的水果奶餡、香醇的外交官卡士達、濃郁的堅果慕斯林,還能加入鹹口食材,製作成派對小食,不論甜鹹都在泡芙範疇內。因此,只要學會製作泡芙麵糊,就等於有了好的開始,接著就能在口味上自由嘗試與探尋了。

—— 泡芙的基礎 ——
BASIC

·泡芙麵糊

泡芙麵糊膨脹是由於麵糊中的水分加熱後變成水蒸氣，向外擴散時將麵糊推開，自然形成中空的模樣，水分太多，麵糊會膨不起來，太少則會長得不夠大，掌握好麵糊狀態才能做出成功的泡芙。

INGREDIENTS
材料

水 55 克
牛奶 55 克
無鹽奶油 50 克
鹽 2 克
細砂糖 2 克
中筋麵粉 65 克
全蛋 110 克

PREPARATION
事前準備

---

1. 無鹽奶油切成小塊丁狀。
2. 麵粉、鹽過篩。
3. 全蛋退冰至室溫，均質或
   攪散備用（均質過的蛋液
   能幫助麵團乳化）。

TIPS

泡芙的烘烤

在烤箱中，泡芙麵糊因水分受熱變成水蒸氣而膨脹，因此一開始用較高的溫度烘烤，待上色並定型後，再降溫繼續烘烤，烘烤過程一開始盡量不要開烤箱，以免還沒定型的泡芙因突然降溫回縮變形。大顆泡芙比小顆泡芙需要更多烘烤時間，以高溫爲起點烘烤，中溫烤熟，低溫烤乾的方式可達到最好效果。

STEPS
作法

1. 開小火，水、牛奶、鹽、細砂糖和無鹽奶油煮至小滾後離火，鍋中液體煮滾時奶油呈
   完全融化狀態，此時一次加入所有中筋麵粉，以打蛋器快速拌勻。

2. 以刮刀確認麵粉沒有結塊後重新加熱，不停翻拌麵團，直到鍋底形成薄膜即可離火，
   若持續加熱可能造成油水分離，影響麵糊膨脹。
3. 麵團倒入攪拌缸，攪拌至麵團降溫至 60 度以下。

4. 全蛋液分次加入麵團，每次拌勻後再加入下一次的蛋液，以刮刀將麵糊拉起時，呈現
   邊緣光滑的倒三角狀即可，有時不需加完全部蛋液，視情況增減。
5. 麵糊趁熱擠出，不需立即烘烤的泡芙可以擠出後冷凍保存，要烘烤時退冰至室溫後再
   進爐烘烤。

珍珠糖小泡芙

　　珍珠糖小泡芙體積小巧，中間不填餡，是法國人在餐與餐之間用來解饞的經典小零食。如果要馬上食用，可烤到外部酥脆，內部保有鬆軟口感，想長時間保存，則要延長烘烤時間，以低溫烘烤將水分烤乾，才不會隔天就全部回軟喔！

INGREDIENTS
材料

一號珍珠糖 適量

泡芙麵糊材料：
水 55 克
牛奶 55 克
無鹽奶油 50 克
鹽 2 克
細砂糖 2 克
中筋麵粉 65 克
全蛋 110 克

PREPARATION
事前準備

---

1. 烤盤鋪上透氣矽膠墊，準備 7mm 圓型花嘴。
2. 珍珠糖均勻鋪在乾淨烤盤上（此烤盤需比擠泡芙的矽膠墊大）。

STEPS
作法

1. 製作泡芙麵糊，麵糊裝入擠花袋，擠出麵糊，每個泡芙麵糊約直徑 1.5 ～ 2cm 大小。

2. 拿起矽膠墊，有泡芙麵糊的面朝下鋪在珍珠糖上，拿起放回烤盤。

3. 烤箱預熱 180 度，烤 12 分鐘，170 度再烤 12 分鐘，140 度烤 35 ～ 40 分鐘。

香草卡士達酥皮泡芙

　　泡芙加了酥皮不只烤起來能保持完美的圓形，更能增添香氣與酥脆度，再填入新鮮卡士達，就能做出不管味道、口感都充滿層次的泡芙。不過越簡單的東西要做的好，越要注意細節，例如：麵糊不能太稀，酥皮不能擀得過厚，烘烤尺寸較大的泡芙時，要注意開烤箱門的時間點。

INGREDIENTS
材料

泡芙麵糊材料：

水 55 克

牛奶 55 克

無鹽奶油 50 克

鹽 2 克

細砂糖 2 克

中筋麵粉 65 克

全蛋 110 克

泡芙酥皮材料：

無鹽奶油 40 克

虎尾糖 40 克

杏仁粉 35 克

低筋麵粉 30 克

外交官卡士達材料：

卡士達 306 克

鮮奶油 127 克

PREPARATION
事前準備

烤盤鋪上透氣矽膠墊，準備 12mm 圓型花嘴。

STEPS
作法

1. 製作泡芙酥皮，無鹽奶油、虎尾糖、杏仁粉和低筋麵粉放入食物處
   理機，攪打至均勻成團後移至烘焙紙上，2mm 高度尺放在兩側，覆
   上一張烘焙紙，將麵團擀至 2mm 厚。

2. 以 5cm 圓形切模壓出圓形麵團，冰冷凍定型後取出備用，剩餘麵團可重複擀壓使用。

3. 製作泡芙麵糊。

4. 麵糊裝入擠花袋，擠出麵糊，每個泡芙麵糊約 22 克。

5. 取出冷凍的泡芙酥皮，放在泡芙麵糊上。

6. 烤箱預熱 190 度，烤 15 分鐘，160 度烤 15 分鐘，130 度烤 40 分鐘。

7. 泡芙殼烤好取出，放涼後在泡芙底部以小
   刀裁切出 1cm 左右的小孔。

8. 製作外交官卡士達，卡士達拌軟（卡士達製作方法參照 P42），鮮奶油打至八分發，
   加入卡士達中切拌均勻，裝入擠花袋並擠進泡芙殼。

玄米開心果泡芙

　　開心果和玄米皆有自然、樸實風味，結合兩者，食用口感相當和諧、舒服。製作開心果口味甜點時，店裡會使用自製開心果果醬和市售純開心果果醬，自製開心果果醬有無法取代的新鮮風味，而市售開心果果醬則較深沉、濃郁，取兩者優點來製作甜點，可讓開心果在甜點中有最好的發揮。

INGREDIENTS
材料

自製開心果果醬 30 克

泡芙麵糊材料：
水 55 克
牛奶 55 克
無鹽奶油 50 克
鹽 2 克
細砂糖 2 克
中筋麵粉 65 克
全蛋 110 克

開心果玄米脆脆材料：
白巧克力 35 克
市售開心果果醬 12 克
可可巴瑞脆片 35 克
玄米粒 9 克

玄米卡士達材料：
牛奶 220 克
鮮奶油 50 克
玄米茶粉 10 克
蛋黃 48 克
細砂糖 45 克
玉米粉 10 克
低筋麵粉 10 克
無鹽奶油 15 克

泡芙酥皮材料：
無鹽奶油 40 克
虎尾糖 40 克
杏仁粉 35 克
低筋麵粉 30 克

玄米外交官卡士達材料：
玄米卡士達 306g
鮮奶油 127g

香緹材料：
鮮奶油 100 克
細砂糖 6 克

開心果玄米脆脆

STEPS
作法 ────────────────────────────

融化白巧克力，和開心果果醬拌勻後加入可可巴瑞脆片和玄米粒，冷藏備用。

玄米卡士達

STEPS
作法 ────────────────────────────

1. 牛奶、鮮奶油和玄米茶粉放入鍋中煮至鍋邊冒泡，蛋黃、細砂糖、玉米粉和低筋麵粉
   攪拌至發白，將一半玄米牛奶沖入蛋黃糊中攪拌，再加入另一半玄米牛奶拌勻，倒回
   鍋中。

2. 一邊加熱一邊不斷攪拌至濃稠，此時可離火攪拌至整體均勻，再回到爐上繼續攪拌加熱至表面出現光澤離火，加入室溫奶油攪拌均勻，將卡士達均質後倒入淺盤，以保鮮膜貼面冷藏保存。

組裝

PREPARATION
事前準備

1. 烤盤鋪上透氣矽膠墊，準備 12mm 圓型花嘴。
2. 香緹使用 16mm 7 爪星型花嘴。

STEPS
作法

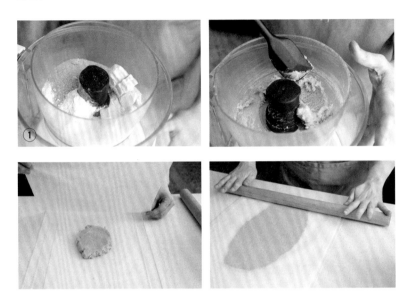

1. 製作泡芙酥皮，無鹽奶油、虎尾糖、杏仁粉和低筋麵粉放入食物處
   理機，攪打至均勻成團後移至烘焙紙上，2mm 高度尺放在兩側，覆
   上一張烘焙紙，將麵團擀至 2mm 厚。

2. 以 5cm 圓形切模壓出圓形的麵團，冰冷凍定型後取下備用，剩餘麵團可重複擀壓使用。

3. 製作泡芙麵糊。

4. 麵糊裝入擠花袋，擠出麵糊每個泡芙麵糊約 22 克。

5. 取出冷凍泡芙酥皮，放在泡芙麵糊上。

6. 烤箱預熱 190 度,烤 15 分鐘,160 度烤 15 分鐘,130 度烤 40 分鐘。

7. 泡芙殼烤好取出,放涼後在泡芙頂部以小刀切開約 4cm 左右的小孔。

8. 製作玄米外交官卡士達,玄米卡士達拌軟,鮮奶油打至八分發,加入卡士達中切拌均
   勻,裝入擠花袋,擠進泡芙的一半,放入 6 克左右的開心果玄米脆脆,再擠入卡士達
   填滿。

9. 打發香緹,鮮奶油和細砂糖打至八分發,在泡芙頂部擠花,擠上適量自製開心果果醬
   (開心果果醬製作方法參照 P52),蓋上泡芙頂蓋,以開心果玄米脆脆裝飾。

SERVINGS 食譜份量

8 顆

草莓奇想泡芙

設計這款泡芙時，想著如何一入口就迸發出濃濃的草莓滋味，就像是味蕾也進行了一場草莓之旅那樣深刻，於是試著用不同方式加入草莓元素，以自製草莓果醬做成草莓白乳酪香緹、使用法芙娜的草莓奇想製成打發甘納許，再加入新鮮草莓等，層層草莓元素凸顯草莓酸甜明亮的味道，與獨一無二的香氣。

INGREDIENTS
材料

新鮮草莓 16 顆

泡芙麵糊材料：

水 55 克

牛奶 55 克

無鹽奶油 50 克

鹽 2 克

細砂糖 2 克

中筋麵粉 65 克

全蛋 110 克

草莓奇想甘納許材料：

草莓果泥 39 克

轉化糖漿 1 克

法芙娜草莓奇想 88 克

鮮奶油 127 克

草莓覆盆子果醬材料：

草莓果泥 24 克

覆盆子果泥 30 克

細砂糖 10 克

NH 果膠粉 0.4 克

泡芙酥皮材料：

無鹽奶油 40 克

虎尾糖 40 克

杏仁粉 35 克

低筋麵粉 30 克

草莓白乳酪香緹材料：

日本奶霜 120g

草莓果醬 72g

白乳酪 60g

香緹材料：

鮮奶油 100 克

細砂糖 6 克

草莓奇想甘納許

STEPS
作法

1. 融化法芙娜草莓奇想。

2. 草莓果泥和轉化糖漿放進鍋中，煮至鍋邊小滾，倒入融化的草莓奇想。

3. 攪拌均勻，加入鮮奶油均質，貼面冷藏至隔天使用。

草莓覆盆子果醬

PREPARATION
事前準備

細砂糖和果膠粉放在一起並攪拌均勻。

STEPS
作法

1. 草莓果泥、覆盆子果泥放進鍋中加熱，40 度左右時，一邊攪拌一邊將細砂糖和果膠粉
   慢慢倒入鍋中。

2.繼續煮至沸騰,倒出後貼面並冷藏降溫,裝入小擠花袋備用。

組裝

事前準備

1. 烤盤鋪上透氣矽膠墊,準備 12mm 圓型花嘴。

2. 香緹使用 14 齒星型花嘴。

3. 草莓切成小於 1cm 大小的丁狀備用。

STEPS
作法

1. 製作泡芙酥皮,無鹽奶油、虎尾糖、杏仁粉和低筋麵粉放入食物處理機,攪打至均勻成團後移至烘焙紙上,2mm 高度尺放在兩側,覆上一張烘焙紙,將麵團擀至 2mm 厚。

2. 以 5cm 圓形切模壓出圓形的麵團，冰冷凍定型後取下備用，剩餘麵團可重複擀壓使用。

3. 製作泡芙麵糊。

4. 麵糊裝入擠花袋，擠出麵糊每個泡芙麵糊約 22 克。

5. 取出冷凍泡芙酥皮，放在泡芙麵糊上。

6. 烤箱預熱 190 度，烤 15 分鐘，160 度烤 15 分鐘，130 度烤 40 分鐘。

7. 泡芙殼烤好取出，放涼後在泡芙頂部以小刀切開約 4cm 左右的小孔。

8. 製作草莓白乳酪香緹，日本奶霜和草莓果醬（草莓果醬製作方法參照 P54）打至六分發，加入白乳酪繼續打至八分發，裝入擠花袋。

9. 打發草莓奇想甘納許，裝入擠花袋。

10. 草莓奇想甘納許擠入泡芙，每個 25 ～ 30 克，放入草莓丁，擠入草莓白乳酪香緹至與
    孔口同高。

11. 打發香緹，鮮奶油和細砂糖打至八分
    發，在泡芙頂部擠花，擠上適量草莓覆
    盆子果醬，蓋上泡芙頂蓋，以薄荷和草莓
    丁裝飾。

CHAPTER

6

蛋糕捲

CAKE ROLL

蛋糕捲的蛋糕體因為比較薄，烘烤時間通常不需太長，想快速做好一份甜點招待朋友或客人時，蛋糕捲是很好的選擇。烘烤時要注意蛋糕表面的顏色，過深代表烤太乾，捲蛋糕時容易裂掉，過淺則是濕度太高，表面容易黏皮，總烘烤時間也不宜太長，以免蛋糕體過乾口感不佳，這時熟悉自家烤箱的烤溫就非常重要了。

捲蛋糕時最重要的是鮮奶油硬度，鮮奶油太軟無法支撐形狀，太硬則吃起來口感不佳，中間也容易空心，因此掌握鮮奶油打發程度十分重要，再來就是捲起蛋糕了，本書的蛋糕捲內餡豐富，捲起時不需太多工具和技巧，只要將內餡鮮奶油和水果包起來捲進去就可以了。

SERVINGS 食譜份量

1 條 26cm

卡士達生乳捲

清爽的香緹、卡士達醬和鬆軟的蛋糕組合，是隨時都想要來上一塊的甜點，因為想做出入口即化的口感，特別選用日本的純生鮮奶油，如果想讓口味更豐富，也可以夾入喜愛的當季水果做變化。

INGREDIENTS
材料

卡士達 100 克

原味蛋糕體材料：
蛋黃 81 克
細砂糖 A 9 克
蜂蜜 13 克
蛋白 113 克
細砂糖 B 43 克
玉米粉 10 克

低筋麵粉 26 克
鹽 0.2 克
植物油 13 克
牛奶 23 克
防潮糖粉 適量

生乳香緹材料：
純生鮮奶油 35% 200g
細砂糖 10g

PREPARATION
事前準備

1. 低筋麵粉、玉米粉和鹽一起過篩備用。
2. 牛奶和植物油放一起。
3. 蛋白使用前冰冷藏充分冷卻。
4. 蛋糕捲烤盤 28×28cm，準備比烤盤大一點的烘焙紙或白報紙，四角各剪一刀，放入烤盤。

STEPS
作法 ────────────────

1. 製作原味蛋糕捲，蛋黃、細砂糖 A 和蜂蜜加熱到 33～ 35 度左右，使用手持攪拌機，打發至泛白濃稠（加熱能 幫助蛋黃和糖的乳化及打發）。

2. 打發蛋白霜，細砂糖 B 分 兩次下，蛋白打出一些大 氣泡後加一次糖，繼續打 發至氣泡變小後，加第二 次糖（使用冰的蛋白能攪 打出細緻的蛋白霜）。

3. 打發蛋黃加入蛋白霜中拌勻，加入過篩粉類，攪拌成均勻光滑的麵糊。

4. 將一小部分麵糊加入 50 ～ 60 度的植物油和牛奶中，快速拌勻，再倒回原本的盆中拌勻。

5. 麵糊倒入烤盤，以刮板抹平表面，烤箱預熱上火 175、下火 155 度，烤 12 ～ 13 分鐘。

6. 出爐後灑上防潮糖粉，翻面並撕掉烤紙，烤紙蓋回蛋糕上，架上放涼。

7. 卡士達（卡士達製作方法參照 P42）裝入擠花袋。

8. 蛋糕移到另一張烘焙紙上，打發純生鮮奶油至八分發。

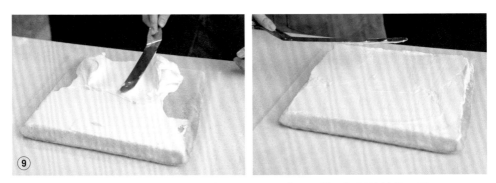

9. 香緹在蛋糕上抹開，靠近自己 1/3 的位置抹厚一點，蛋糕尾部則抹薄薄一層。

10. 擠一條卡士達在香緹上，
    提起烘焙紙，手指輕壓塑
    形，蛋糕往前捲起、收緊，
    蛋糕收口朝下，冷藏至少 3
    小時定型，從冷藏取出，
    切除頭尾，灑糖粉裝飾。

175

草莓綠葡萄蛋糕捲

　　構想這款蛋糕捲時，一直想著如何表現草莓和綠葡萄的優點，草莓香氣獨特，綠葡萄則清香、口感爽脆，於是決定保留這樣的個性，在蛋糕體抹上草莓覆盆子果醬，讓每一口吃下去都帶有莓果的酸甜，鮮奶油中也加入荔枝酒增加整體香氣。「吃起來有種日本青春戀愛電影的感覺」是我們聽過最貼近的形容了。

INGREDIENTS
材料

綠葡萄 適量
草莓 適量

原味蛋糕體材料：
蛋黃 81 克
細砂糖 A 9 克
蜂蜜 13 克
蛋白 113 克
細砂糖 B 43 克
玉米粉 10 克
低筋麵粉 26 克
鹽 0.2 克
植物油 13 克
牛奶 23 克
防潮糖粉 適量

草莓覆盆子果醬材料：
草莓果泥 24 克
覆盆子果泥 30 克
細砂糖 10 克
NH 果膠粉 0.4 克

荔枝香緹材料：
馬斯卡彭乳酪 17 克
鮮奶油 170 克
細砂糖 10 克
荔枝酒 15 克

裝飾香緹：
鮮奶油 50 克
細砂糖 3 克

草莓覆盆子果醬

PREPARATION
事前準備

細砂糖和果膠粉放在一起並攪拌均勻。

STEPS
作法

1. 草莓果泥和覆盆子果泥放進鍋中加熱，40 度左右時，一邊攪拌一邊將細砂糖和果膠粉慢慢倒入鍋中。

2. 繼續煮至沸騰，倒出後貼面並冷藏降溫，裝入小擠花袋中備用。

組裝

PREPARATION
事前準備

1. 低筋麵粉、玉米粉和鹽一起過篩備用。

2. 牛奶和植物油放一起。

3. 蛋白使用前冰冷藏充分冷卻。

4. 蛋糕捲烤盤 28×28cm，準備比烤盤大一點的烘焙紙或白報紙，四角各剪一刀，放入烤盤內。

5. 葡萄和草莓清洗後擦乾，切半備用。

6. 裝飾的花嘴爲 1.3cm 圓形花嘴，裝入擠花袋。

STEPS
作法

1. 製作原味蛋糕捲，蛋黃、細砂糖 A 和蜂蜜加熱到 33 ～ 35 度左右，使用手持攪拌機，
   打發至泛白濃稠（加熱能幫助蛋黃和糖的乳化及打發）。

2. 打發蛋白霜，細砂糖 B 分兩次下，蛋白打出一些大氣泡後加一次糖，繼續打發至氣泡變小後，加第二次糖（使用冰的蛋白能攪打出細緻的蛋白霜）。

3. 打發蛋黃加入蛋白霜中拌勻，加入過篩粉類，攪拌成均勻光滑的麵糊。

4. 將一小部分麵糊加入 50 ～ 60 度的植物油和牛奶中，快速拌勻，再倒回原本的盆中拌勻。

5. 麵糊倒入烤盤，以刮板抹平表面，烤箱預熱上火 175、下火 155 度，烤 12 ～ 13 分鐘。

6. 出爐後灑上防潮糖粉，翻面並撕下烤紙，烤紙蓋回蛋糕上，架上放涼。

7. 蛋糕移到另一張烘焙紙上，果醬均勻塗抹在蛋糕上。

8. 打發荔枝香緹，鮮奶油、細砂糖和馬斯卡彭乳酪一起打至八分發，再拌入荔枝酒。香緹在蛋糕上抹開，靠近自己 1/3 的位置抹厚一點，蛋糕尾部則抹薄薄一層。

9. 在蛋糕靠自己方向的 1/3 處擺一排草莓、
   一排綠葡萄。

10. 提起烘焙紙，手指輕壓塑形，蛋糕往前捲起、收緊，蛋糕收口朝下，冷藏至少 3 小時
    定型。

11. 蛋糕頭尾切除，裝飾香緹打至七分發進
    行擠花，以草莓和白葡萄裝飾（圖中蛋糕
    尺寸為 13cm 大小，即分切一半）。

SERVINGS 食譜份量

1 條 26cm

柚香金萱水蜜桃蛋糕捲

在炎熱的夏天，用甜蜜多汁的水蜜桃做甜點再適合不過，喜歡融入台灣茶元素，其中屬柚香金萱和水蜜桃是最討人喜歡的組合，另外作了梅酒茶凍，一起捲進蛋糕捲，清爽的味道和口感像多了個小驚喜。梅酒種類很多，選擇清爽口感，較不影響茶和水蜜桃風味，因梅酒含糖量不同，製作果凍時可依個人喜好增減糖量，不喝酒的話，可用梅子汁取代，甜度另外調整即可。

INGREDIENTS
材料

水蜜桃 1 顆

柚香金萱茶粉 4.5 克
植物油 13 克
牛奶 26 克
防潮糖粉 適量

柚香金萱香緹材料：
鮮奶油 180 克
細砂糖 13 克
柚香金萱茶粉 3.5 克

柚香金萱蛋糕體材料：
蛋黃 81 克
細砂糖 A 9 克
蜂蜜 13 克
蛋白 113 克
細砂糖 B 43 克
玉米粉 8 克
低筋麵粉 25 克

梅酒金萱茶凍材料：
梅酒 20 克
＊柚香金萱茶液 100 克
吉利丁凍 12 克
蜂蜜 6 克
細砂糖 10 克

裝飾香緹：
鮮奶油 50 克
細砂糖 3 克

＊柚香金萱茶液材料：
柚香金萱茶葉 3 克
熱水 200c.c

183

梅酒金萱茶凍

STEPS
作法

1. 製作柚香金萱茶液，將 3 克的柚香金萱茶葉放入 200c.c 的熱水（70 度），浸泡 10 分鐘後取出茶葉，取需要的份量。

2. 吉利丁凍放入熱茶裡融化，加入梅酒、蜂蜜、細砂糖，攪拌均勻，倒入容器，冷藏凝固一夜，使用時可切小塊或用湯匙舀取。

組裝

PREPARATION
事前準備

1. 柚香金萱茶粉、低筋麵粉、玉米粉一起過篩備用。
2. 牛奶和植物油放一起。
3. 蛋白使用前冰冷藏充分冷卻。
4. 蛋糕捲烤盤 28×28cm，準備比烤盤大一點的烘焙紙或白報紙，四角各剪一刀，放入烤盤內。
5. 水蜜桃洗乾淨，去皮切片。
6. 聖安娜花嘴型號 682，裝入擠花袋。

STEPS
作法

1. 製作柚香金萱蛋糕捲，蛋黃、細砂糖 A 和蜂蜜加熱到 33 ～ 35 度左右，使用手持攪拌機，打發至泛白濃稠（加熱能幫助蛋黃和糖的乳化及打發）。

2. 打發蛋白霜，細砂糖 B 分兩次下，蛋白打出一些大氣泡後加一次糖，繼續打發至氣泡變小後加第二次糖（使用冰的蛋白可攪打出細緻的蛋白霜）。

3. 打發蛋黃加入蛋白霜中拌勻，加入過篩粉類，攪拌成均勻光滑的麵糊。

4. 將一小部分麵糊加入 50 ～ 60 度的植物油和牛奶中，快速拌勻，再倒回原本的盆中拌勻。

185

5. 麵糊倒入烤盤，以刮板抹平表面，烤箱預熱上火 175、下火 155 度，烤 12 ～ 13 分鐘。出爐後灑上防潮糖粉，翻面並撕掉烤紙，烤紙蓋回蛋糕上，架上放涼。

6. 打發柚香金萱香緹鮮，鮮奶油、細砂糖和柚香金萱茶粉一起打至八分發。

7. 蛋糕移到另一張烘焙紙上，香緹在蛋糕上抹開，靠近自己 1/3 的位置抹厚一點，蛋糕尾部則抹薄薄一層。

8. 在蛋糕靠自己方向的 1/3 處
放一排水蜜桃和果凍。

9. 提起烘焙紙,手指輕壓塑形,蛋糕往前捲起、收緊,蛋糕收口朝下,冷藏至少 3 小時
定型。蛋糕頭尾切除,裝飾香緹打至八分發進行擠花,水蜜桃切塊裝飾。

SERVINGS **食譜份量**

1 條 26cm

栗子生乳卷

　　每年由夏轉秋時總會不自覺想吃栗子的甜點，而這款生乳捲便是把栗子元素運用到極致，從蛋糕體、卡士達、糖漬栗子到栗子奶油都充滿栗子，所以爲了讓整體口感輕盈不膩口，特別使用日本純生鮮奶油，並減少糖的添加來製作。

INGREDIENTS
材料

栗子蛋糕體材料：
牛奶 20 克
植物油 30 克
蛋黃 52 克
甜栗子泥 50 克
低筋麵粉 45 克
蛋白 112 克
細砂糖 50 克
防潮糖粉 適量

栗子卡士達材料：
牛奶 102 克
香草醬 1 克
蛋黃 16 克
細砂糖 10 克
玉米粉 6 克
甜栗子泥 102 克
吉利丁凍 18 克
蘭姆酒 3 克

生乳香緹材料：
純生鮮奶油 35% 140 克
細砂糖 3 克

＊糖漬香草栗子：40 克

栗子奶油材料：
甜栗子泥 115 克
蘭姆酒 2.5 克
無鹽奶油 13 克

裝飾香緹材料：
純生鮮奶油 50 克
細砂糖 1.5 克

＊**糖漬香草栗子材料：**
生栗子 300 克
細砂糖 200 克
飲用水 適量
香草莢 半根（取出香草籽）

栗子卡士達

STEPS
作法

1. 香草醬和牛奶加熱至鍋邊微滾,細砂糖、玉米粉加入蛋黃中,攪拌至發白,牛奶沖入蛋黃糊攪拌,倒回鍋中。

2. 一邊加熱一邊不斷攪拌至煮滾,冒出大泡泡並表面出現光澤,離火加入甜栗子泥攪拌均勻,放回爐上再次煮滾,離火。

3. 加入吉利丁凍,過篩或均質後倒入淺盤,以保鮮膜貼面冷藏,冷卻後,加入蘭姆酒攪拌均勻。

組裝

事前準備

1. 粉類過篩備用。

2. 蛋白使用前冰冷藏充分冷卻。

3. 蛋糕捲烤盤 28×28cm，準備比烤盤大一點的烘焙紙或白報紙，四角各剪一刀，
   放入烤盤內。

4. 糖漬香草栗子切成小於 1cm 的丁狀。

5. 無鹽奶油回溫備用。

6. 蒙布朗花嘴 235，葉子花嘴 SN7172，裝入擠花袋。

STEPS
作法

1. 製作栗子蛋糕，植物油、牛奶和蛋黃拌勻，加入甜栗子泥攪開，再
   放入低筋麵粉攪拌均勻。

2. 打發蛋白霜，細砂糖分 2～3 次下，蛋白打出一些大氣泡後加一次糖，繼續打發至氣泡變小後，加第二次糖（使用冰的蛋白能攪打出細緻的蛋白霜）。

3. 栗子蛋黃糊加入蛋白霜中，切拌均勻。

4. 麵糊倒入烤盤，以刮板抹平表面，烤箱預熱上火 175、下火 155 度，烤 15～16 分鐘，出爐後灑上防潮糖粉，翻面並撕下烤紙，烤紙蓋回蛋糕上，架上放涼。

5. 蛋糕烤面向上移到另一張烘焙紙，均勻抹上栗子卡士達。

6. 製作香緹，純生鮮奶油和細砂糖打至八分發，香緹抹在蛋糕上，靠近自己1/3的位置抹厚一點，蛋糕尾部則抹薄薄一層。

7. 在蛋糕靠自己方向的1/3處放一排糖漬香草栗子。

8. 提起烘焙紙，手指輕壓塑形，蛋糕往前捲起、收緊，蛋糕收口朝下，冷藏至少 3 小時定型。

9. 製作栗子奶油，甜栗子泥、無鹽奶油和蘭姆酒拌勻，裝入裝有蒙布朗花嘴的擠花袋。

10. 蛋糕頭尾切除，擠上栗子奶油，裝飾香緹打至八分發，進行擠花，上方以糖漬栗子和薄荷葉裝飾（圖中蛋糕尺寸為 13cm 大小，即分切一半）。

＊糖漬香草栗子

作法｜

取一深鍋並放入生栗子，倒入淹過栗子的飲用水，開火將栗子煮至軟化，水補至至少 500 克，加入細砂糖和香草莢，熬煮至糖水變糖漿，栗子出現光澤，熬煮時間可依喜歡的甜度調整，使用時請將糖漿瀝乾。

保存期限｜

將糖漿和栗子放入已消毒的容器中，冷藏保存 2 ～ 4 個星期。

7

鮮奶油蛋糕

CREAM CAKE

鮮奶油蛋糕最吸引人的地方就是結合鬆軟的蛋糕、鮮奶油和各種水果，一直以來，我們除了運用各種水果，也嘗試加入不同元素增加口感與層次，讓每款鮮奶油蛋糕都有各自的主題，也能延伸每種水果的個性與風味，鮮奶油蛋糕因此多了許多變化與可能。

抹鮮奶油蛋糕時需注意鮮奶油的溫度，因為鮮奶油在低溫時才能穩定的使用，如果在夏天進行，盆底最好墊冰塊，以免鮮奶油溫度升高影響抹面，抹好之後要馬上進冷藏定型、保存，做好的蛋糕密封冷藏只可保存 2 ～ 3 天，切勿冷凍保存，以免鮮奶油、水果等狀態改變。

哈密瓜鮮奶油蛋糕

香甜多汁的哈密瓜、鬆軟的海綿蛋糕和鮮奶油是吃起來很搭的蛋糕組合，不需太多元素，簡簡單單就很好吃，只要海綿蛋糕烤好，這顆蛋糕就成功一半了！選擇哈密瓜最重要的是熟度，已成熟且果肉變軟的哈密瓜，底部應是有點軟化且能壓下去，請一定要等到哈密瓜變熟再使用，可以只用紅肉或綠肉的哈密瓜，同時使用兩種視覺上會更可愛一些。

INGREDIENTS
材料

紅肉哈密瓜 適量
綠肉哈密瓜 適量

海綿蛋糕材料：
全蛋 115 克
蛋黃 15 克
細砂糖 50 克
海藻糖 12 克
蜂蜜 5 克
葡萄糖漿 10 克
低筋麵粉 65 克
無鹽奶油 10 克
植物油 8 克
牛奶 6 克

夾層與抹面香緹材料：
鮮奶油 430 克
細砂糖 12 克
海藻糖 12 克

海綿蛋糕

PREPARATION
事前準備

1. 低筋麵粉過篩。
2. 在六寸圓形烤模中鋪蛋糕圍邊和底紙。

STEPS
作法

1. 無鹽奶油、植物油和牛奶放在一起,融化保溫備用。

2. 細砂糖、海藻糖、蜂蜜和葡萄糖漿加入全蛋和蛋黃中,攪拌均勻。

3. 以中高速打發蛋液至體積變大，顏色明顯泛白，表面出現明顯紋路時轉中速，出現可以停留 10 秒左右的緞帶狀，轉低速打發一至兩分鐘使氣泡均勻。

4. 拌入麵粉，以刮刀攪拌至均勻看不見麵粉，繼續攪拌至麵糊出現光澤並具有流動性。

5. 舀一些麵糊與 50 ～ 60 度的奶油、植物油和牛奶拌勻，再倒回原本的盆中攪拌均勻。

6. 麵糊倒入烤模，烤箱預熱上火 150、下火 110 度，烤 25 分鐘，竹籤插入沒有麵糊沾黏就可以出爐。

7. 出爐後離桌面 10 ～ 15cm，蛋糕垂直落下、敲擊桌面，排出多餘水氣，蛋糕倒在層架上，倒扣放涼。

組裝蛋糕

PREPARATION
事前準備

1. 夾層使用的哈密瓜去皮，切成 1cm 片狀備用。

2. 香緹裝飾花嘴使用型號 SN7024。

STEPS
作法

1. 蛋糕完全冷卻後使用 1.5cm 高度尺分切成三片。

2. 鮮奶油和細砂糖打至七分發，取 230 ～ 240 克（夾餡和初胚），其餘冷藏備用。

3. 夾餡與初胚的鮮奶油使用
   打蛋器繼續打到八、九分
   發，取一些均勻抹在蛋糕
   上，擺上哈密瓜切片，外
   圍預留 1cm 避免後續抹
   面時凸出蛋糕，再取一些
   鮮奶油均勻抹在水果上。

4. 放上一片蛋糕，重複步驟 3 動作，製作第二層，放上最後一片蛋糕後，將整顆蛋糕抹
   上薄薄一層鮮奶油，冷藏 20 ～ 30 分鐘或冷凍 5 分鐘。

5. 取約 120～130 克鮮奶油，打至七、八
分發，蛋糕完成抹面，然後把蛋糕移至蛋
糕底板後，冰冷藏。

6. 剩餘的鮮奶油打至八分發，裝入擠花袋，在蛋糕邊緣擠花，放上帶皮哈密瓜塊和香草裝飾。

SERVINGS 食譜份量

1 個 6 寸

芒果鮮奶油蛋糕

設計這款蛋糕時以芒果為主角發想，為了貫徹芒果主題，加入芒果果醬、熱帶乳酪慕斯等元素。我們偏好使用果肉細緻 Q 彈、果香濃郁的愛文芒果，可依喜好選擇不同品種製作不同風味的蛋糕。

INGREDIENTS
材料

芒果 約 1 顆半

蜂蜜戚風蛋糕材料：
低筋麵粉 60 克
鹽 0.5 克
植物油 25 克
牛奶 40 克
蛋黃 52 克
蜂蜜 20 克
蛋白 110 克
細砂糖 45 克

熱帶水果乳酪慕斯材料：
份量：兩個 5 寸圓形慕斯圈（120 克 / 個）
奶油乳酪 27 克
酸奶 45 克
蛋黃 16 克
細砂糖 A 14 克
熱帶水果果泥 45 克
牛奶 18 克
吉利丁凍 16 克
鮮奶油 68 克
細砂糖 B 4 克

芒果果醬材料：
芒果果泥（無糖）35 克
NH 果膠粉 0.5 克
細砂糖 8 克

白乳酪香緹材料：
鮮奶油 200 克
細砂糖 16 克
白乳酪 50 克

抹面芒果香緹材料：
日本奶霜 88 克
細砂糖 8 克
芒果果泥（無糖）35 克
百香果泥（無糖）5.5 克
黃色色素 一滴

裝飾香緹材料：
鮮奶油 90 克
細砂糖 5 克

蜂蜜戚風蛋糕

PREPARATION
事前準備

低筋麵粉過篩，和鹽混合均勻。

STEPS
作法

1. 製作蛋黃糊，植物油和牛奶加熱到 50 度，一次加入麵粉並攪拌均勻，依序加入蜂蜜、蛋黃攪拌均勻，以布或保鮮膜蓋起鋼盆。

2. 製作蛋白霜，將蛋白打出一些大泡泡，細砂糖分三次加入蛋白，以電動攪拌機中高速打發至硬性發泡。

3. 舀一些蛋白霜放入蛋黃糊，快速以打蛋器拌勻，再倒回蛋白霜中攪拌均勻。

4. 麵糊倒入蛋糕模，烤箱預熱上火 150 度、下火 130 度，烤 40 ～ 45 分鐘，出爐後離桌面 10 ～ 15cm，蛋糕垂直落下、敲擊桌面，排出多餘水氣，蛋糕倒扣在放涼架或倒扣架上。

熱帶水果乳酪慕斯

PREPARATION
事前準備

1. 慕斯圈其中一邊用保鮮膜封起來。
2. 奶油乳酪室溫放軟,或微波幾秒至軟化。

STEPS
作法

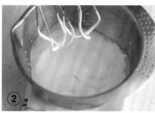

1. 奶油乳酪和酸奶攪拌均勻。
2. 鮮奶油和細砂糖 B 打至六分發。

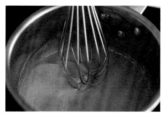

3. 砂糖 A 加入蛋黃中攪拌至發白,同時加熱牛奶和熱帶水果果泥,煮至邊緣冒泡泡後,分兩次倒入蛋黃中拌勻,倒回鍋內開中小火,不停攪拌至 83 度,變成濃稠的蛋奶醬,即可離火。

4. 吉利丁凍放入蛋奶醬拌至融化，分兩次加入步驟 1。

5. 將步驟 2 的鮮奶油加入乳酪糊中拌勻，平均倒入慕斯模，冷凍凝固後即可使用（冷凍
　 密封可保存一個星期）。

芒果果醬

PREPARATION
事前準備

NH 果膠粉和細砂糖拌勻。

STEPS
作法 ─────────────────

1. 以中火加熱芒果果泥到 40 度後，倒入果膠粉和細砂糖，持續加熱攪拌至沸騰，關火倒
　 進容器，貼面冷藏。

2. 冷卻的果醬裝入擠花袋備用。

組裝

PREPARATION
事前準備

1. 芒果半顆切成片狀,一顆切成塊狀備用。

2. 取出慕斯備用。

3. 裝飾香緹花嘴使用聖安娜花嘴 686。

STEPS
作法

1. 蜂蜜戚風蛋糕分切成三片。

2. 白乳酪香緹中的鮮奶油和細砂糖打至六分發,加入白乳酪繼續打至八、九分發。

3. 取一些白乳酪香緹均勻抹在蛋糕上,果醬均勻擠出,外圍預留 1cm 避免後續抹面時被擠出,擺上芒果切片,再取一些香緹均勻抹在芒果上。

211

4. 放上一片蛋糕，取一點白乳酪香緹抹在蛋糕上，熱帶水果乳酪慕斯放在正中間，抹上香緹蓋住。

5. 蓋上最後一片蛋糕，整顆蛋糕抹上薄薄一層白乳酪香緹，冷藏 20 ～ 30 分鐘或冷凍 5 分鐘。

6. 製作抹面芒果香緹,奶霜和細砂糖打至六、七分發,加入果泥和色素繼續打至八、九分發進行抹面,完成後,蛋糕移到蛋糕底板後冷藏。

7. 裝飾香緹的鮮奶油和細砂糖打到八分發,裝入擠花袋,在蛋糕頂部擠一圈擠花,中間放入芒果塊,以薄荷片裝飾。

SERVINGS 食譜份量

1 個 6 寸

綠葡萄覆盆子鮮奶油蛋糕

　　綠葡萄味道酸甜帶著淡淡清香，很適合搭配其他水果做成蛋糕，這款蛋糕將覆盆子和荔枝的味道融入蛋糕中，是個酸酸甜甜、有著初戀滋味的蛋糕。整體味道輕盈，但其實荔枝風味來自鮮奶油裡大量的荔枝酒，吃起來有點酒味，是一個和形象有反差的蛋糕。

INGREDIENTS
材料

綠葡萄 適量

原味戚風蛋糕材料：
牛奶 42 克
無鹽奶油 13 克
植物油 28 克
蛋黃 45 克
低筋麵粉 48 克
玉米粉 5 克
鹽 0.3 克
蛋白 87 克
上白糖 43 克

覆盆子慕斯材料：
份量：兩個 5 寸圓形
慕斯圈（115 克 / 個）
蛋黃 35 克
細砂糖 A 17 克
海藻糖 3 克
玉米粉 3.6 克
覆盆子果泥（有糖）
70 克
鮮奶油 A 31 克
無鹽奶油 20 克
吉利丁凍 12 克
蛋白 33.5 克
細砂糖 B 20 克
水 7 克
鮮奶油 B 25 克

覆盆子果醬材料：
覆盆子果泥（有糖）45 克
轉化糖漿 5 克
細砂糖 5 克
NH 果膠粉 0.4 克
檸檬皮 0.2 克

夾餡香緹材料：
鮮奶油 220 克
細砂糖 15 克
馬斯卡彭乳酪 24 克
荔枝酒 28 克

抹面和擠花裝飾香緹材料：
鮮奶油 200 克
細砂糖 10 克
荔枝酒 15 克

原味戚風蛋糕

PREPARATION
事前準備

────────────

低筋麵粉、玉米粉過篩，和鹽混合均勻。

STEPS
作法 ──────────────────────────

1. 製作蛋黃糊，植物油、奶油和牛奶加熱到 50 度，一次加入麵粉並攪拌均勻，加入蛋黃攪拌均勻，以布或保鮮膜蓋起鋼盆。

2. 製作蛋白霜，將蛋白打出一些大泡泡，上白糖分三次加入蛋白，以電動攪拌機中高速打發至硬性發泡。

3. 舀一些蛋白霜放入蛋黃糊，快速以打蛋器拌勻，再倒回蛋白霜攪拌均勻。

4. 麵糊倒入蛋糕模，烤箱預熱上火 150 度、下火 130 度，烤 40 ～ 45 分鐘，出爐後離桌面 10 ～ 15cm，蛋糕垂直落下、敲擊桌面，排出多餘水氣，蛋糕倒扣在放涼架或倒扣架上。

覆盆子慕斯

PREPARATION
事前準備

1. 奶油放室溫。
2. 慕斯圈其中一邊用保鮮膜封起來。

STEPS
作法

1. 鮮奶油 B 打至七分發。

2. 細砂糖 A、海藻糖和玉米粉加入蛋黃中，攪拌至發白。

3. 覆盆子果泥和鮮奶油 A 加熱至鍋邊冒小泡泡，分兩次倒入步驟 2，再倒回鍋中，接著開中小火，不停攪拌至蛋奶醬沸騰，依序加入奶油、吉利丁凍並降溫。

4. 細砂糖 B 和水放入鍋中，煮至 120 度時加入蛋白中打發，打發至堅挺的蛋白霜後，加入降溫至 30 度的覆盆子蛋奶醬迅速拌勻。

5. 加入步驟 1 的打發鮮奶油拌勻，倒入慕斯模，冷凍凝固後即可使用（冷凍密封可保存一個星期）。

覆盆子果醬

PREPARATION
事前準備

NH 果膠粉和細砂糖拌勻。

STEPS
作法

1. 中火將覆盆子果泥和轉化糖漿加熱到 40 度，倒入果膠粉和細砂糖，持續加熱攪拌至沸騰，加入檸檬皮拌勻，關火倒入容器，貼面冷藏。

2. 冷卻的果醬裝入擠花袋備用。

組裝

事前準備

1. 取出慕斯備用。

2. 綠葡萄切半備用。

3. 裝飾香緹花嘴使用型號 SN7121。

STEPS
作法

1. 戚風蛋糕分切成三片。

2. 夾餡香緹中的鮮奶油、馬斯卡彭乳酪和細砂糖打至七至八分發，加入荔枝酒繼續打至八至九分發。

3. 取一些香緹均勻抹在蛋糕上，果醬均勻擠出，外圍預留 1cm 避免後續抹面時被擠出，擺上綠葡萄，再取一些香緹均勻抹在綠葡萄上。

4. 放上一片蛋糕，取香緹抹在蛋糕上，覆盆子慕斯放在正中間，抹上香緹蓋住。

5. 蓋上最後一片蛋糕，整顆蛋糕抹上一層薄
　　薄的香緹，冷藏 20 ～ 30 分鐘或冷凍 5
　　分鐘。

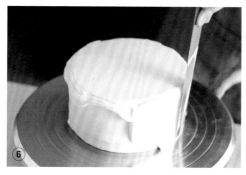 

6. 打發抹面和擠花裝飾香緹,鮮奶油和細砂糖打至七分發,加入荔枝酒,取 125 克香緹, 使用打蛋器繼續打至八分發進行抹面,完成後,蛋糕移到蛋糕底板後冷藏。

7. 剩下的香緹打至七分發,裝入擠花袋,在 蛋糕頂部擠上一圈擠花,中間擺上綠葡萄 片,以少許金箔點綴。

SERVINGS 食譜份量

1 個 6 寸

伯爵香橙葡萄柚鮮奶油蛋糕

這是我們販售的第一顆鮮奶油蛋糕，渲染的外表最有記憶點，同時也最需要抹面技術。味道以柑橘類為主軸，除了新鮮香橙和葡萄柚，也把日本糖漬柚子丁混合在香緹內，並製作了柚子乳酪慕斯，蛋糕體則以伯爵紅茶增加整體香氣層次，讓人能完整享受柑橘清爽明亮的風味。

INGREDIENTS
材料

香橙 2 顆
葡萄柚 半顆
＊蛋白霜餅 適量
＊乾燥水果片 適量

伯爵戚風蛋糕材料：
低筋麵粉 45 克
伯爵紅茶粉 4 克
植物油 27 克
牛奶 46 克
蛋黃 48 克
蛋白 100 克
細砂糖 47 克

柚子優格慕斯材料：
份量： 兩個 5 寸圓形
慕斯圈（120 克 / 個）
蛋黃 18 克
細砂糖 A 21 克
牛奶 42 克
吉利丁凍 18 克
奶油乳酪 40 克
酸奶 40 克
鮮奶油 76 克
細砂糖 B 4.5 克
柚子汁 14 克

夾餡香緹材料：
鮮奶油 210 克
細砂糖 16 克

馬斯卡彭乳酪 20 克
Bailey's 奶酒 3 克
糖漬柚子丁 22 克

抹面和擠花裝飾香緹材料：
鮮奶油 150 克
細砂糖 9 克
Bailey's 奶酒 2 克

＊蛋白霜餅材料：
蛋白 60 克
細砂糖 60 克
糖粉 60 克

＊乾燥水果片材料：
香橙和葡萄柚 各 1 顆

223

伯爵戚風蛋糕

PREPARATION
事前準備
────────

低筋麵粉、伯爵紅茶粉過篩混合均勻。

STEPS
作法 ──────────────────────────────

①

1. 製作蛋黃糊，植物油和牛奶加熱到 50 度，一次加入粉類攪拌均勻後，加入蛋黃攪拌均勻，以布或保鮮膜蓋起鋼盆。

②

③

2. 製作蛋白霜，將蛋白打出一些大泡泡，細砂糖分三次加入蛋白，以電動攪拌機中高速打發至硬性發泡。

3. 舀一些蛋白霜放入蛋黃糊快速以打蛋器拌勻，再倒回蛋白霜攪拌均勻。

4. 麵糊倒入蛋糕模，烤箱預熱上火 150 度、下火 130 度，烤 40 ～ 45 分鐘，出爐後離桌面 10 ～ 15cm，蛋糕垂直落下、敲擊桌面，排出多餘水氣，蛋糕倒扣在放涼架或倒扣架上。

柚子優格乳酪慕斯

PREPARATION
事前準備

1. 慕斯圈其中一邊用保鮮膜封起來。
2. 奶油乳酪室溫放軟，或微波幾秒至軟化。

STEPS
作法

1. 奶油乳酪和酸奶攪拌均勻。

2. 鮮奶油和細砂糖 B 打至六分發。

3. 一半的細砂糖 A 加入蛋黃中攪拌至發白，另一半加入牛奶，煮至邊緣冒泡泡後分兩次倒入蛋黃拌勻，倒回鍋內開中小火，不停攪拌至 83 度，變成濃稠的蛋奶醬，即可離火。

4. 吉利丁凍放入蛋奶醬中拌至融化，分兩次加入步驟 1，加入柚子汁拌勻。

5. 步驟 2 的鮮奶油加入乳酪糊中拌勻，倒入慕斯模，冷凍凝固後即可使用（冷凍密封可保存一個星期）。

組裝

PREPARATION
事前準備

1. 取出慕斯備用。
2. 香橙和葡萄柚取瓣備用。
3. 裝飾香緹花嘴使用型號 SN7121。
4. 準備橘色和黃色色素。

STEPS
作法

1. 伯爵戚風蛋糕分切成三片。

2. 夾餡香緹中的鮮奶油、馬斯卡彭乳酪和細砂糖打至七至八分發，加入奶酒繼續打至八至九分發。

3. 取 120 克香緹和糖漬柚子丁混合均勻，取 1/3 均勻抹在蛋糕上，擺上香橙和葡萄柚，外圍預留 1cm 避免後續抹面時被擠出，取一些香緹均勻抹上，再放一層香橙和葡萄柚，最後抹上香緹（共兩層水果）。

4. 放上一片蛋糕，取一些香緹抹在蛋糕上，柚子乳酪慕斯放在正中間，抹上香緹蓋住。

5. 蓋上最後一片蛋糕，整顆蛋糕抹上薄薄一層香緹，冷藏 20 ～ 30 分鐘或冷凍 5 分鐘。

6. 打發抹面和擠花裝飾香緹，鮮奶油和細砂糖打至七分發，加入奶酒，取 130 克香緹，
   使用打蛋器繼續打至八分發後，取一點香緹，用橘色和黃色進行染色和抹面，先完成
   蛋糕頂部再做側面的渲染，完成後，將蛋糕移到蛋糕底板後冷藏。

＊渲染蛋糕重點：

先以白色香緹將整顆蛋糕大致抹面完成，染色香緹少量抹在較凹處或想染色的地方，以
旋轉蛋糕盤做出渲染，注意不要重複太多次，以免最後顏色混合太均勻，呈現不出效果。

7. 蛋白霜餅剝小片後炙燒上色，以蛋白霜餅、乾燥水果片和迷迭香做裝飾，將原來剩下
   的香緹打至八分發，裝入擠花袋，擠花在飾片後面當支撐。

＊蛋白霜餅

作法｜

蛋白和細砂糖打發至成堅挺光亮的蛋白霜，加入糖粉拌至均勻，約 0.5cm 厚度抹在烘焙紙或矽膠烤墊上，表面不需要完全平整，放入烤箱以 90 度烘烤一個半小時。

保存方式｜

與乾燥劑一起放入密封盒，可保存 2 ～ 3 個星期。

＊乾燥水果片

作法｜

將水果切成薄片，一面沾上細砂糖，沾糖面朝上，放入烘乾機以 70 度烘乾約 6 ～ 7 小時。

保存方式｜ 與乾燥劑一起放入密封盒，可保存 1 個月。

SERVINGS 食譜份量

1 個 6 寸

巧克力香蕉鮮奶油蛋糕

香蕉和巧克力是絕不出錯的組合，雖然光是兩者就很好吃，但一直想做一顆有趣的香蕉巧克力蛋糕，於是夾入帶點酸味的百香果奶餡，並以榛果巧克力脆片增加香氣和口感。

INGREDIENTS
材料

熟香蕉 適量
＊榛果巧克力脆片 適量
＊裝飾糖片 適量

巧克力戚風蛋糕體材料：
水 42 克
植物油 42 克
無鹽奶油 14 克
鮮奶油 14 克
葡萄糖漿 45 克
70% 巧克力 16 克
低筋麵粉 43 克
可可粉 32 克
小蘇打粉 2 克
鹽 0.9 克

玉米粉 5 克
蛋黃 83 克
蛋白 133 克
細砂糖 69 克

百香果奶餡材料：
份量：兩個 5 寸圓形慕斯圈 (120 克 / 個)
百香果果泥（無糖）51 克
香橙果泥（無糖）10 克
全蛋 41 克
蛋黃 34 克
細砂糖 32 克
吉利丁凍 10 克
無鹽奶油 41 克
鮮奶油 34 克

夾餡和擠花巧克力香緹材料：
70%巧克力 35 克
牛奶巧克力 19 克
鮮奶油 A 65 克
轉化糖漿 5 克
鮮奶油 B 170 克

抹面香緹材料：
鮮奶油 160 克
細砂糖 9 克

淋面巧克力甘納許材料：
70% 巧克力 26 克
牛奶巧克力 14 克
鮮奶油 40 克
葡萄糖漿 4 克

＊榛果巧克力脆片材料：
無糖榛果醬 14 克
牛奶巧克力 10 克
可可巴芮脆片 27 克
糖粉 6 克
鹽 0.5 克

＊裝飾糖片材料：
無鹽奶油 50 克
細砂糖 58 克
甘蔗糖 50 克
中筋麵粉 50 克
檸檬汁 30 克

巧克力戚風蛋糕

PREPARATION
事前準備

1. 低筋麵粉、可可粉、鹽、玉米粉和小蘇打粉過篩混合均勻。
2. 烘焙紙鋪入 25cm×35cm 的烤模。

STEPS
作法

1. 水、植物油、奶油、鮮奶油、葡萄糖漿放在一起,加熱至奶油融化,加入 70% 巧克力融化並攪拌均勻。

2. 加入過篩粉類攪拌均勻。

3. 加入蛋黃攪拌均勻。

4. 製作蛋白霜,將蛋白打出一些大泡泡,細砂糖分三次加入,以電動攪拌機中高速打發至硬性發泡。

5. 舀一些蛋白霜放入蛋黃糊,使用打蛋器快速拌勻,再倒回蛋白霜攪拌均勻。

6. 麵糊倒入烤模,烤箱預熱上火 170 度、下火 150 度,烤 20 分鐘,出爐後將蛋糕從烤模中取出,撕開烘焙紙在放涼架上放涼。

百香果奶餡

PREPARATION
事前準備

1. 慕斯圈其中一邊用保鮮膜封起來。
2. 全蛋和蛋黃混合後均質。

STEPS
作法

1. 鮮奶油打發至六分發。

2. 百香果果泥、香橙果泥、蛋液和細砂糖放入鍋中，中小火加熱並不斷攪拌至 83 度變得濃稠，離火加入吉利丁凍攪拌至融化，加入奶油拌勻。

3. 降溫至 30 度拌入打發鮮奶油，倒入慕斯模，冷凍凝固後即可使用（冷凍密封可保存一星期）。

巧克力香緹

作法 ————————————————————————————

1. 巧克力隔水融化,鮮奶油 A 和轉化糖漿煮滾,倒入融化的巧克力中。

2. 倒入鮮奶油 B 攪拌均勻,貼面冷藏一夜後使用。

組裝

事前準備

————————————————————————————

1. 香蕉切成厚度約 1.5cm。

2. 裝飾香緹花嘴型號 SN7115、巧克力香緹花嘴使用直徑 1.3cm 圓形花嘴。

3. 一個六寸慕斯模。

作法 ————————————————————————————

1. 用六寸慕斯模壓出兩片圓形和兩個半圓形的蛋糕片,共能組成三片蛋糕。

2. 夾餡巧克力香緹取 230 克打至八分發，取一些香緹均勻抹在蛋糕上，均勻鋪上榛果巧克力脆片，再抹上一層香緹後，放上一片蛋糕。

3. 抹一層香緹，擺上香蕉，抹一點巧克力香緹蓋住香蕉，百香果奶餡放在正中間，再均勻抹上一層香緹。

4. 蓋上最後一片蛋糕，打發抹面香緹至六分發，取一點打至八至九分發，整顆蛋糕抹薄薄一層香緹（初胚），冷藏 20 ～ 30 分鐘或冷凍 5 分鐘。

5. 剩餘的抹面香緹留一點作爲擠花裝飾，其餘打至八分發進行抹面，完成後將蛋糕移到蛋糕底板。

6. 製作淋面巧克力甘納許，70% 巧克力、牛奶巧克力、鮮奶油和葡萄糖漿放在一起，隔水加熱融化，融化後取出降溫至 30 度以下。蛋糕放在蛋糕轉台上，淋面甘納許一次倒在蛋糕上，一邊轉蛋糕一邊以 L 型小抹刀抹開淋面。

7. 香蕉沾糖後炙燒，擺在蛋糕上，分別打發剩下的香緹和巧克力香緹至七分發，以不同的花嘴擠花裝飾，將烤好的裝飾糖片剝成需要的大小，插在蛋糕上，以薄荷葉裝飾。

＊榛果巧克力脆片

作法｜

融化巧克力，和其他材料拌匀後備用。

＊裝飾糖片

作法｜

1. 融化奶油，依序加入細砂糖、甘蔗糖、中筋麵粉和檸檬汁拌匀，冷藏一夜，保存可冷凍1個月。
2. 麵糊薄薄一層抹在矽膠烤墊上，烤箱預熱170度烤7分鐘。

人氣甜點工作室 Her x Her 的美味食譜：
餅乾、常溫蛋糕和鮮奶油蛋糕，經典食譜
分享不藏私，做出每天都想吃的好味道 /
Vanessa Liu 作 -- 初版 . -- 臺北市：
臺灣東販股份有限公司 , 2025.01
240　面；17×23 公分
ISBN 978-626-379-731-4(平裝)

1.CST: 點心食譜

427.16　　　　　　　　　　113018378

人氣甜點工作室 Her×Her 的美味食譜

餅乾、常溫蛋糕和鮮奶油蛋糕，經典食譜分享不藏私，做出每天都想吃的好味道

2025 年 01 月 01 日初版第一刷發行
2025 年 02 月 01 日初版第二刷發行

作　　　者　Vanessa Liu
責任編輯　王玉瑤
封面 · 版型設計　謝捲子@誠美作 Cheng Made
特約美編　梁淑娟
攝　　　影　劉璧慈　王才華
發 行 人　若森稔雄
發 行 所　台灣東販股份有限公司
　　　　　　＜地址＞台北市南京東路 4 段 130 號 2F-1
　　　　　　＜電話＞ (02)2577-8878
　　　　　　＜傳真＞ (02)2577-8896
　　　　　　＜網址＞ https://www.tohan.com.tw
郵撥帳號　1405049-4
法律顧問　蕭雄淋律師
總 經 銷　聯合發行股份有限公司
　　　　　　＜電話＞ (02)2917-8022